大型市政
投资类项目总承包业务
管理手册

杨和明　主编

人民交通出版社股份有限公司

北　京

内容提要

随着我国城镇化与大型基础设施建设速度的不断加快，建设项目规模越来越大，投资模式由过去单一的政府直接投资，逐步向建设—移交 BT(Build Transfer)、建造—运营—移交 BOT(Build-Operate-Transfer)、公共私营合作制 PPP(Private Public Partnership)等为代表的总承包商模式转变。本书通过 BT、PPP 模式投资 200 多亿元的项目群建设实施，将项目总承包管理经验总结成书。本书紧扣投资项目特点，总结项目运作的经验教训，系统介绍了项目管理理念、精细化管理模式及项目建设实施、移交回购全过程的主要管理内容和控制措施，可为实施类似工程建设管理提供借鉴。

本书可供从事投资类工程建设、施工相关人员使用，也可供相关培训机构参考。

图书在版编目(CIP)数据

大型市政投资类项目总承包业务管理手册 / 杨和明主编. —北京：人民交通出版社股份有限公司，2020.10

ISBN 978-7-114-16804-8

Ⅰ. ①大… Ⅱ. ①杨… Ⅲ. ①市政工程—基础设施建设—承包工程—工程管理—手册 Ⅳ. ①TU99-62

中国版本图书馆 CIP 数据核字(2020)第 159996 号

Daxing Shizheng Touzi Lei Xiangmu Zongchengbao Yewu Guanli Shouce

书　　名：**大型市政投资类项目总承包业务管理手册**
著 作 者：杨和明
责任编辑：张江成
责任校对：刘　芹
责任印制：刘高彤
出版发行：人民交通出版社股份有限公司
地　　址：(100011)北京市朝阳区安定门外外馆斜街 3 号
网　　址：http://www.ccpcl.com.cn
销售电话：(010)59757973
总 经 销：人民交通出版社股份有限公司发行部
经　　销：各地新华书店
印　　刷：北京虎彩文化传播有限公司
开　　本：787×1092　1/16
印　　张：10.25
字　　数：224 千
版　　次：2020 年 10 月　第 1 版
印　　次：2020 年 10 月　第 1 次印刷
书　　号：ISBN 978-7-114-16804-8
定　　价：50.00 元

本书编委会

主　审　张玉峰

副主审　夏水芳

主　编　杨和明

副主编　韩建秋　李道海　王金龙

编写人员（按姓氏笔画排序）

丁鸽子　于文强　马建政　文　豪　邓　浩

王飞超　王兴华　王金龙　王秋林　乐英远

田小娟　巩宁峰　李海潮　李道海　李腾飞

杨和明　杨振兵　张　伟　张　辉　狄龙飞

罗　伟　武锦华　屈龙良　周贤宏　赵文轩

赵建华　曹文健　谢贻辉　韩建秋　薛兴亮

序

基础设施建设的更新完善程度是衡量社会经济发达程度的重要指标，也是不断改善经济建设环境促进经济发展的先决条件。在当前我国经济建设高速发展的情况下，特别是随着“一带一路”的全面推进，一方面国家通过投资基础设施建设保持经济增速，另一方面也对基础设施完善程度提出了更高的要求。近年来，为落实国务院关于深入推进新型城镇化建设的若干意见（国发〔2016〕8号），我国大中心城市基础设施建设速度不断加快。重点领域主要在于加快城镇棚户区、城中村和危房改造，加快城市综合交通网络建设，实施城市地下管网改造工程，推进海绵城市建设，推动新型城市建设与提升城市公共服务水平等方面。随着一系列新技术、新工艺的应用和市场管理模式的不断完善，项目建设的开发需求增大、建设规模加大、实施难度突出都呈现了比以往更显著的特点，在此复杂形势下，投资模式由过去单一的政府直接投资，逐步向建设—移交BT（Build Transfer）、建设—经营—移交BOT（Build-Operate-Transfer）、公共私营合作制PPP（Private Public Partnership）、设计—采购—施工EPC（Engineering-Procurement-Construction）等为代表的总承包商模式转变，加大社会资本参与大型市政工程建设的力度，已成为当前工程项目实施的主导模式。

总承包商模式节省了项目招投标环节的多种复杂程序，节约了交易成本，为加快推进项目建设建立了良好的履约环境，有利于在建筑工程产业链上，充分发挥总承包商的集成管理优势，以项目整体利益为出发点，不断提高项目规划、设计、建设、运营等全生命周期的增值服务能力。与此同时，总承包商模式的兴起也反映出市场发展的必然趋势，总承包商充当项目建设单位身份，承担了诸多的政府管理职能，有利于集中管理优势，规避风险主要表现在以下两个方面：一方面有利于提高大型投资项目的长远效益，缩短工期、减少投资；另一方面，我国企业成长成熟参与国际化竞争也需要增强总承包能力，以开拓更为广阔的国际市场。

经过多年的运行经验，我们可以看到工程总承包商模式已成为工程建设领域和行业内企业转型升级、多元化发展、提升竞争力的重要途径，在一定程度上为进一步提高行业效率，提升企业实力、培养人才提供了突破口。在此有利形势下，中共中央、国务院和相关部委从高质量发展、精细化管理以及国际化驱动的角度出发，积极出台相关政策法规，对推动项目总承包化管理、培养一批具有竞争力的总承包企业打下了坚实的基础。早在2003年2月，住建部下发了《关于培育发展工程总承包和工程项目管理企业的指导意见》（建市〔2003〕30号）文件规定了工程总承包的概念、工作内容与责任义务等，阐述了推行工程总承包和工程项目管理的重要性和必要性；2017年2月国务院办公厅下发了《关于促进建筑业持续健康发展的意见》(国办发〔2017〕19号),提出政府投资工程应完善工程建设组织模式,带头推行工程总承包;2017年5月,住建部发布《建设项目工程总承包管理规范》(GB/T 50358—2017),从质量、安全、费用、进度、职业健康、环境保护和风险管理入手,并将其贯穿于设计、采购、施工和试运行全过程,全面阐述工程总承包项目的全过程管理。

十多年来的实践证明,工程总承包商模式的实施效益突出,其作用和价值显而易见。为更进一步发展好总承包商模式,国家层面必须做好全方位、全生命周期项目管理的法律法规顶层设计;企业方面必须加快适应步伐,以主动适应形势变化,提高自身综合实力,通过自主创新或者引进先进技术和管理方法等方式,走市场化、科学化、规范化、信息化、国际化的发展道路。

中电建路桥集团有限公司在总承包商模式发展的利好环境形势下应运而生,成为中国电力建设集团有限公司旗下参与多元化发展、具有特级资质、能够承接一体化项目建设服务的核心平台公司。总承包能力是中电建路桥集团有限公司的核心竞争能力之一,2012—2018年中电建路桥集团有限公司以BT、PPP模式先后承建了总投资高达200亿元的郑州西三环、北三环、陇海路、东三环(107辅道)快速化通道工程项目。在此项目建设期间,总承包团队以高度的责任心和团结协助精神凝聚全体参建者智慧,坚持精心组织、严格履约的理念圆满完成项目建设任务,并先后荣获全国市政金杯示范工程1项、中国钢结构金奖3项、国家优质工程奖3项等重大荣誉,得到社会各界的好评,为中电建路桥集团有限公司后续发展创造了良好的品牌效应。

目前,以总承包商承建工程模式正处于全面加速发展阶段,很多管理流程尚处于进一步完善成熟阶段,成功的实例并不多,经验总结相对较少。在此情况下,中电建路桥集团有限公司通过郑州项目群的投资建设,取得了宝贵的施工总承包管理经验并做了全面的总结,将其中的管理方式方法整理成《大型市政投资类项目总承包业务管理手册》一书,以期为实施类似工程建设管理提供借鉴。

本书凝聚了杨和明同志多年工作的心血。因为建筑业是规模经济和重复经济,所以经验和教训的总结与分享是这个产业生生不息的基础。技术、商业模式的创新与传承正是因有一大批大国工匠默默无闻地奉献,而杨和明同志正是这其中的一员。

中电建路桥集团有限公司党委书记、董事长

2019年11月28日于北京

前　　言

随着国家改革和企业转型的不断推进，企业转型创新是推动企业发展的原动力这一观点被越来越多的人所接受。随着国民经济的快速发展和人民生活水平的不断提高，国内基础设施建设发展有了更新、更高的要求。在政府财力有限的情况下，单一的筹资渠道不能满足形势发展的需要，基础设施的供给与社会经济发展的客观需求之间出现一定的矛盾，需要吸引新的投资主体，开辟新的融资渠道。PPP、BT 模式作为一种新型融资和建设管理模式，为解决基础设施建设资金不足的问题带来了巨大契机，在减轻政府财政负担的同时，为企业提供了广阔的投资建设业务空间。

本手册基于中国电力建设集团有限公司特有的项目管理理念和精细化管理模式，系统介绍了本模式下项目建设实施及移交回购全过程的主要管理内容和控制措施。本手册紧扣投资项目特点，重点解决项目全过程运作中难点、关键点影响因素和控制措施，体现手册的针对性、实用性和可操作性。同时，本着求真务实、笃学创新、精益求精的态度，总结项目运作的各种经验教训，为今后强化投资项目总承包管理提供理论依据和价值信息。

感谢各位编写人员在手册编写过程中，根据自己的专业特长分别从不同角度提出了宝贵建议，完善了本书的内容体系。同时，感谢人民交通出版社股份有限公司对本书的出版提供了大力支持和帮助。

另外，本手册在编写过程中，参考引用了同行公开发表的有关文献和技术资料，在此一并表示感谢。工程总承包管理是一门实践性强、涉及面广、发展快的应用科学，由于笔者编纂时间有限，理论和实践的认知水平不足，书中谬误疏漏之处在所难免，敬请读者及行业专家批评指正。

编　　者

2019 年 10 月 18 日

目　录

第一章 转型升级、创新发展

第一节 我国经济发展面临的机遇和挑战

改革开放四十多年来，我国现代化建设取得举世瞩目的伟大成就，经济发展不断跨上新台阶，人民生活持续改善，工业化、信息化、城镇化、农业现代化深入发展，国内市场和区域开发空间广阔，经济结构转型加快，科技教育整体水平提高，劳动力素质改善，资金供给充裕，基础设施日益完善，发展的综合优势将长期存在，为保持经济持续健康发展与社会全面进步，实现“两个一百年”奋斗目标奠定了坚实基础。

我国发展面临的重要机遇。进入21世纪后，国际上发生了一系列具有全局性和战略性影响的重大事件，对国际政治、经济格局产生了深远影响，也为我国推动经济社会发展提供了重要机遇。国际形势总体稳定，经济全球化深入发展，新一轮科技革命和产业变革孕育新突破，全球治理体系面临新调整。

尽管我国发展依然处于可以大有作为的重要战略机遇期，有不少有利于保持经济社会持续健康发展的条件，但也存在许多不容忽视的风险和挑战。全球经济结构进入深度调整期，世界经济复苏缓慢，全球各领域竞争日趋激烈，以自由贸易协定(FTA)为主体的全球投资贸易新格局正在形成，周边环境日趋复杂。

在国内经济运行仍存在下行压力，新的阶级性矛盾正在凸显，能源资源瓶颈制约不断加剧，改革攻坚任务十分艰巨，人民群众对提高生活质量充满新期待。

第二节 社会转型、经济转型的表现与特征

我国正处于社会转型期，主要有以下三方面的表现：一是指体制转型，即从计划经济体制向市场经济体制的转变。二是指社会结构变动，持这一观点的学者认为：“社会转型的主体是社会结构，它是指一种整体的和全面的结构状态过渡，而不仅是某些单项发展指标的实现。社会转型的具体内容是结构转换、机制转轨、利益调整和观念转变。在社会转型时期，人们的行为方式、生活方式、价值体系都会发生明显的变化。”三是指社会形态变迁，即“指中国社会从传统社会向现代社会、从农业社会向工业社会、从封闭性社会向开放性社会的社会变迁和发展”。

转变经济发展方式是指推动经济发展的各种要素投入及其组合的方式，实质是依赖什么要素、借助什么手段、通过什么途径、怎样实现经济发展。增长方式主要就增长过程的资

源、劳动、资本等投入的效率而言。而发展方式不仅包括了经济效益的提高,资源消耗的降低,也包含了经济结构的优化、生态环境的改善、发展成果的合理分配等内容。

加快转变经济发展方式是适应国际经济环境新变化的迫切要求,是促进经济持续健康发展的根本途径和促进经济提质增效升级的关键所在,是破解资源环境瓶颈制约的重大举措和更好地改善民生和促进经济社会协调发展的内在需要。

形成新的经济发展方式的战略重点和有效途径。党的十八大对加快形成新的经济发展方式做了全面部署,必须坚持走中国特色新型工业化、信息化、城镇化、农业现代化道路,推动信息化和工业化深度融合、工业化和城镇化良性互动、城镇化和农业现代化相互协调,促进工业化、信息化、城镇化、农业现代化同步发展。重点要在以下五个方面下功夫:①全面深化经济体制改革;②实施创新驱动战略;③推进经济结构战略性调整,主要包括积极扩大国内有效需求,推动产业结构优化升级,促进区域协调发展,积极稳妥扎实推进新型城镇化;④推动城乡发展一体化;⑤全面提高开发型经济水平。

第三节　企业转型升级与创新发展

在新的市场环境下,建筑业企业作为完全竞争性行业,如何实现企业转型升级、创新发展,是摆在我们面前的一道新的课题。企业转型升级,主要表现为从低附加值转向高附加值升级,从高能耗、高污染转向低能耗、低污染升级,从粗放型转向集约型升级。为了适应改革的步伐,进一步实现由计划经济向市场经济的转折,原有的国有企业向股份制企业转化,这是企业转型升级的一种形式。

因传统水电建设已经步入后水电时代,作为传统的水利水电建筑施工企业,在保持传统水电核心业务的同时,借助我国大中型城市基础设施大发展,推进新型城镇化以及城乡一体化进程,实现企业转型升级与创新发展。

中国电力建设集团有限公司(简称中国电建)积极响应国资委对央企的部署,在完成国家战略性任务的同时,建立现代企业管理制度,向股份制企业转化,企业实现多元化发展。企业通过融资平台,向社会开展大型基础设施即大型市政工程建设进军,通过采取不同运作模式,扩大企业建设领域,企业也由过去的传统建筑施工,向投融资、建设、运营管理、移交等模式转换。实施“大集团、大土木、大市场、大品牌”战略,对拓展国内市政建设市场具有重要的推动作用,对中国电建调结构、拓空间、升资质、育产能、树品牌具有重要意义。

现阶段政府与企业合作的主要模式包括 PPP 模式、BT 模式、BOT 模式。

1. PPP 模式

PPP 模式即公共部门与私人企业合作模式,是公共基础设施的一种项目融资模式。在该模式下,鼓励私人企业与政府进行合作,参与公共基础设施的建设。PPP 模式的构架是:从公共事业的需求出发,利用民营资源的产业化优势,通过政府与民营企业双方合作,共同开发、投资建设,并维护运营公共事业的合作模式,即政府与民营经济在公共领域的合作伙伴关系。通过这种合作形式,合作各方可以达到与预期单独行动相比更为有利的结果。合作各方参与某个项目时,政府并不是把项目的责任全部转移给私人企业,而是由参与合作的各方共同承担责任和融资风险。这是一项世界性课题,已被国家发改委、科技部、联合国开发计划署三方会议正式批准纳入正在执行的我国地方21世纪议程能力建设项目。

PPP模式典型结构如图1-1所示。

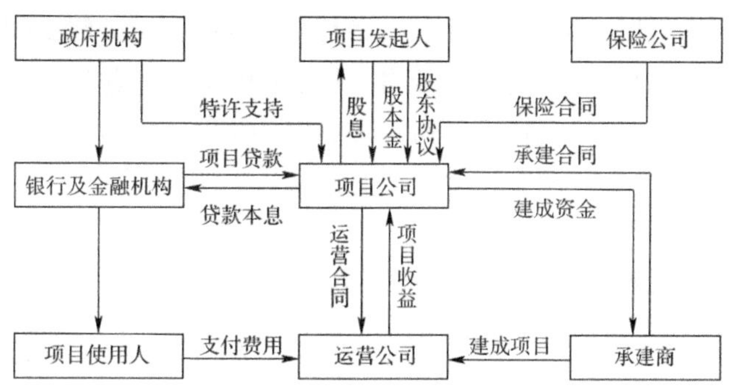

图1-1　PPP模式典型结构

PPP模式是一种优化的项目融资与实施模式,以各参与方的"双赢"或"多赢"作为合作的基本理念,其典型的结构为:政府部门或地方政府通过政府采购的形式与中标单位组建的特殊目的公司签订特许合同(特殊目的公司一般是由中标的建筑公司、服务经营公司或对项目进行投资的第三方组成的股份有限公司),由特殊目的公司负责筹资、建设及经营。政府通常与提供贷款的金融机构达成一个直接协议,这个协议不是对项目进行担保的协议,而是一个向借贷机构承诺将按与特殊目的公司签订的合同支付有关费用的协定,这个协议使特殊目的公司能比较顺利地获得金融机构的贷款。采用这种融资形式的实质是:政府通过给予私营公司长期的特许经营权和收益权来加快基础设施建设及有效运营。

PPP模式的结构内涵主要包括以下4个方面:

第一,PPP是一种新型的项目融资模式。PPP融资是以项目为主体的融资活动,是项目融资的一种实现形式,主要根据项目的预期收益、资产以及政府扶持的力度,而不是项目投资人或发起人的资信来安排融资。项目经营的直接收益和通过政府扶持所转化的效益是偿还贷款的资金来源,项目公司的资产和政府给予的有限承诺是贷款的安全保障。

第二,PPP融资模式可以使更多的民营资本参与到项目中,以提高效率,降低风险。这也正是现行项目融资模式所鼓励的。政府的公共部门与民营企业以特许权协议为基础进行全程合作,双方共同对项目运行的整个周期负责。PPP融资模式的操作规则使民营企业能够参与到城市轨道交通项目的确认、设计和可行性研究等前期工作中来,这不仅降低了民营企业的投资风险,而且能将民营企业的管理方法与技术引入项目中来,还能有效实现对项目建设与运行的控制,从而有利于降低项目建设投资的风险,较好地保障国家与民营企业各方的利益。这对缩短项目建设周期,降低项目运作成本甚至资产负债率都有值得肯定的现实意义。

第三,PPP模式可以在一定程度上保证民营资本"有利可图"。私营部门的投资目标是寻求既能够还贷又有投资回报的项目,无利可图的基础设施项目是吸引不到民营资本的投入的。而采取 PPP 模式,政府可以给予私人投资者相应的政策扶持作为补偿,如税收优惠、贷款担保、给予民营企业沿线土地优先开发权等。通过实施这些政策,可提高民营资本投资城市基础设施项目的积极性。

第四,PPP 模式在减轻政府初期建设投资负担和风险的前提下,提高城市市政服务质量。在 PPP 模式下,公共部门和民营企业共同参与城市基础设施的建设和运营,由民营企业负责项目融资,有可能增加项目的资本金数量,进而降低资产负债率,这不但能节省政府的投资,而且可以将项目的一部分风险转移到民营企业,从而减轻政府的风险。同时双方可以形成互利的长期目标,更好地为社会和公众提供服务。

2. BT 模式

BT 模式即"建设—移交"模式的简称,是 PPP 模式在实际应用中的具体演变,其特点是协议授权投资者只负责该项目的投融资和建设,项目竣工验收合格后,即由政府或授权的单位按合同规定赎回。

BT 模式典型的结构如图 1-2 所示。

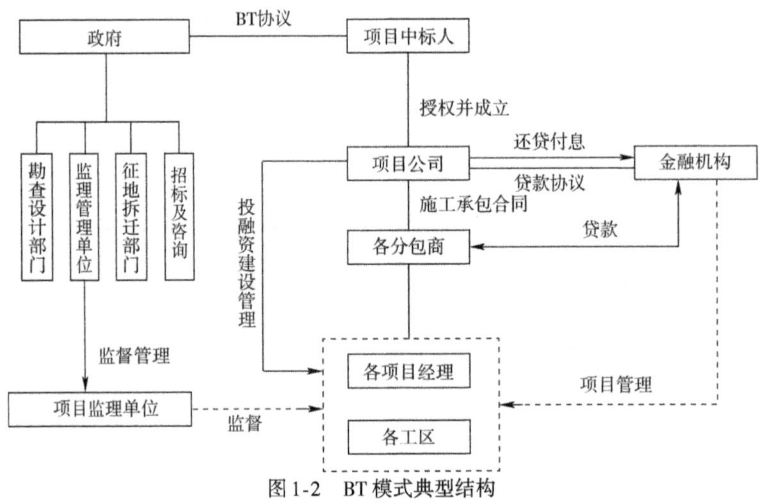

图 1-2　BT 模式典型结构

(1)BT 模式解析。

BT 模式,是基础设施项目建设领域中采用的一种投资建设模式;BT 模式根据项目发起人通过与投资者签订合同,由投资者负责项目的融资、建设,并在规定时限内将竣工后的项目移交项目发起人,项目发起人根据事先签订的回购协议分期向投资者支付项目总投资及确定的回报。

BT 投资是 BOT 的一种变换形式,政府通过特许协议,引入国外资金或民间资金进行专属于政府的基础设施建设。基础设施建设完工后,该项目设施的有关权利按协议由政府赎回。

通俗地说,BT 投资也是一种"交钥匙工程",社会投资人投资、建设,建设完成以后"交钥匙",政府再回购,回购时考虑投资人的合理收益。标准意义的 BOT 项目较多,但类似 BOT

项目的 BT 却并不多见。

在市场经济条件下，BT 模式是从 BOT 模式转化发展起来的新型投资模式。采用 BT 模式建设的项目，所有权归政府或政府下属的公司；政府将项目的融资和建设特许权转让投资方，投资方是依法注册的国有建筑企业或私人企业；银行或其他金融机构根据项目的未来收益情况为项目提供融资贷款。

政府（或项目筹备办）根据当地社会和经济发展的需要，对项目进行立项，进行项目建议书、可行性研究、筹划报批等前期准备工作，委托下属公司或咨询中介公司对项目进行 BT 招标；与中标人（投资方）签订 BT 投资合同（或投资协议）；中标人（投资方）组建 BT 项目公司，项目公司在项目建设期行使建设单位职能，负责项目的投融资、建设管理，并承担建设期间的风险。项目建成竣工后，按照 BT 合同（或协议），投资方将完工的项目移交给政府（或政府下属公司）。政府（或政府下属公司）按约定总价（或完工后评估总价）分期偿还投资方的融资和建设费用。政府及管理部门在 BT 投资全过程中行使监管、指导职能，保证 BT 投资项目的顺利融资、建设、移交。

（2）BT 模式的主要缺陷。

BT 项目建设费用过大。采用 BT 方式必须经过确定项目、项目准备、招标、谈判、签署与 BT 有关的合同、移交等阶段，涉及政府许可、审批以及外汇担保等诸多环节，牵扯的范围广，复杂性强，操作的难度大，障碍多，不易实施，最重要的是融资成本也因中间环节多而增高。

BT 方式中的融资监管难度大。BT 项目的分包情况严重。由于 BT 方式中政府只与项目总承包人发生直接联系，建议由项目企业负责落实，因此，项目的落实可能被细化，建设项目的分包将愈显严重。

BT 项目质量得不到应有的保证。在 BT 项目中，政府虽规定督促和协助投资方建立三级质量保证体系、申请政府质量监督、健全各项管理制度、抓好安全生产。但是，投资方出于其利益考虑，在 BT 项目的建设标准、建设内容、施工进度等方面存在问题，建设质量得不到应有的保证。

面对这些缺陷，各地政府的掌控能力是比较差的，政府在 BT 投资建设项目由计划经济向市场经济的转轨过程中，仍不同程度地存在一部分项目管理在政府有关部门内封闭运作，有时甚至出现违反建设程序的操作。在具体项目的建设实施过程中，也不同程度地存在对项目功能与方案审核不力、政企不分、专业技术人员缺乏、管理粗放、地方垄断和地方保护、缺乏竞争，甚至出现“寻租”腐败等问题。

但是，完善 BT 投资已是当务之急。除了完善 BT 运行机制，强化政府对 BT 项目的监督之外，建立 BT 应对风险机制，确定风险种类，拟订相应的风险回避对策也显得非常重要。另外，政府运作 BT 应考虑引入独立第三方的中介服务。目前，国内外著名投资工程咨询和设计单位都有很强的 BT 投资专业知识和技能，如中国国际工程咨询公司等。在融资和资本运作上可以聘请证券公司或著名投资咨询公司为其服务。

由于 BT 在我国出现的时间短、经验少，是新生事物，因此，最基本、最重要的是要有明确的合同法律保护，同时，在管理上，对项目的投资概算、设计方案的确定、工程质量的检验以及财务审计都应从法律上确定政府权力。但目前，我国尚没有关于 BT 的专门法规，所以更应加快立法步伐。

(3) BT 融资模式的优势。

BT 模式风险小。对于公共项目来说，采用 BT 方式运作，由银行或其他金融机构出具保函，能够保证项目投入资金的安全，只要项目未来收益有保证，融资贷款协议签署后，在建设期项目基本上没有资金风险。

BT 模式收益高。BT 模式的收益高体现在三个方面：首先，BT 投资主体通过 BT 投资为剩余资本找到了投资途径，获得可观的投资收益；其次，金融机构通过为 BT 项目融资贷款，分享了项目收益，能够获得稳定的融资贷款利息；最后，BT 项目顺利建成移交给当地政府(或政府下属公司)，可为当地政府和人民带来较高的经济效益和社会效益。

BT 模式能够发挥大型建筑企业在融资和施工管理方面的优势。采用 BT 模式建设大型项目，工程量集中、投资大，能够充分发挥大型建筑企业资信好、信誉高、易融资及善于组织大型工程施工的优势。大型建筑企业通过 BT 模式融资建设项目，可以增加在 BT 融资和施工方面的业绩，为其提高企业资质和打入国际融资建筑市场积累经验。

BT 模式可以促进当地经济发展。基本建设项目特点之一是资金占用大，建设期和资金回收过程长，银行贷款回收慢，投资商的投资积极性和商业银行的贷款积极性不高。而采用 BT 模式进行融资建设未来具有固定收益的项目，可以发挥投资商的投资积极性和项目融资的主动性，缩短项目的建设期，保证项目尽快建成、移交，能够尽快见到效益，解决项目所在地的就业问题，促进当地经济发展。

我国采用 BT 模式融资建设公共项目刚刚兴起，这种新兴起的融资、建设、移交模式还处于不断摸索、总结经验、不断完善之中，在运作中会逐渐发现风险和不足之处，但是从目前运作情况来看，已经采用 BT 模式建设的项目普遍运作良好，解决了项目建设资金紧缺问题，推动了项目所在地经济的可持续发展。

3. BOT 模式

BOT 模式典型结构如图 1-3 所示。

BOT 即建造—运营—移交方式，是一种基础设施投资、建设和经营方式。它以政府和私人机构之间达成协议为前提，由政府向私人机构颁布特许，允许其在一定时期内筹集资金建设某一基础设施并管理和经营该设施及其相应的产品与服务。政府对该私人机构提供的公共产品或服务的数量和价格可以有所限制，但保证私人资本具有获取利润的机会。整个过程中的风险由政府和私人机构分担。当特许期限结束时，私人机构按约定将该设施移交给政府部门，转由政府指定部门经营和管理。

BOT 模式的最大特点就是将基础设施的经营权有期限抵押以获得项目融资，或者说是基础设施国有项目民营化。在这种模式下，首先由项目发起人通过投标从委托人手中获取对某个项目的特许权，随后组成项目公司并负责进行项目的融资、组织项目的建设、管理项目的运营,在特许期内通过对项目的开发运营以及当地政府给予的其他优惠来回收资金以还贷,并取得合理的利润。特许期结束后,应将项目无偿地移交给政府。在 BOT 模式下,投资者一般要求政府保证其最低收益率,一旦在特许期内无法达到该标准,政府应给予特别补偿。

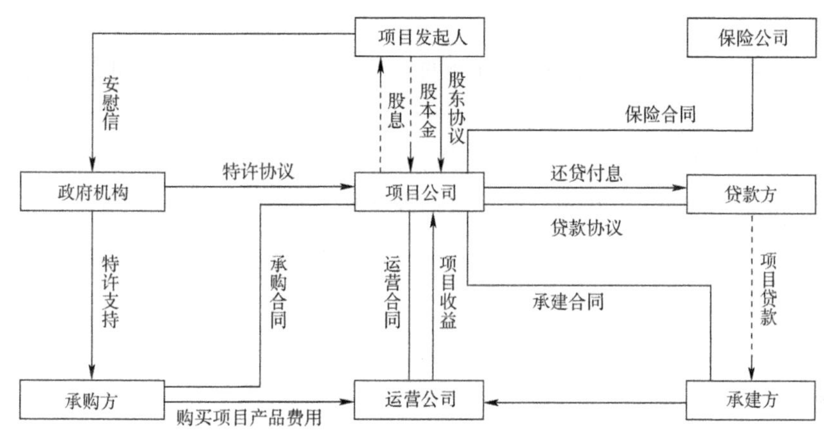

图 1-3　BOT 模式典型结构

BOT 具有市场机制和政府干预相结合的混合经济的特色。

一方面,BOT 能够保持市场机制发挥作用。BOT 项目的大部分经济行为都在市场上进行,政府以招标方式确定项目公司的做法本身也包含了竞争机制。作为可靠的市场主体的私人机构是 BOT 模式的行为主体,在特许期内对所建工程项目具有完备的产权。这样,承担 BOT 项目的机构在 BOT 项目的实施过程中的行为完全符合经济人假设。

另一方面,BOT 为政府干预提供了有效的途径,这就是和私人机构达成的有关 BOT 的协议。尽管 BOT 协议的执行全部由项目公司负责,但政府自始至终都拥有对该项目的控制权。在立项、招标、谈判三个阶段,政府的意愿起着决定性作用。在履约阶段,政府又具有监督检查的权力,项目经营中价格的制订也受到政府的约束,政府还可以通过通用的 BOT 法来约束 BOT 项目公司的行为。

近些年来,BOT 这种投资与建设方式被一些发展中国家用来进行其基础设施建设并取得了一定的成功,受到了世界范围广泛的青睐,被当成一种新型的投资方式进行宣传。然而 BOT 并非一种新生事物,它自出现至今已有至少 300 年的历史。

第四节　郑州市大型市政工程及合作模式简介

郑州市地处我国腹地——河南,是新中国成立初新建的一座省会城市,虽然经济突飞猛进,但城市基础设施建设不堪重负,交通拥挤严重制约着郑州市乃至河南省的经济发展。郑州市政府科学决策,规划郑州市主城区实现“一环两纵三横”快速化系统工程,采用 BT、PPP 等建设合作模式,用 3 ~ 5 年的时间建成环线交通网络,以迅速缓解郑州市的交通压力。中国电力建设集团有限公司所属中电建路桥集团有限公司积极参与竞标,于 2012 年 4 月一举中标承建郑州市西三环、北三环路快速化工程。通过近两年的合作,取得了郑州市政府和人民的信任。紧接着,2013 年中标承建中州大道南北延工程,以及陇海路快速通道工程,2015 年又以 PPP 建设合作模式中标承建东三环工程,累计总投资约 230 亿元。

(1)郑州三环路快速化工程。

郑州市三环路快速化工程 BT 项目分为西三环、北三环项目,是郑州市主城区快速路系统的组成部分。

西三环建设规模为高架路桥双向六车道,地面规划双向八车道,线路长 8.627km,建筑安装投资 14.4 亿元。北三环建设规模为双幅高架桥双向六车道,地面规划为双向十车道,全长 7.872km,建安投资 28.52 亿元。合计建安总投资约 42.92 亿元,建设工期 18 个月。

(2)中州大道南北延工程。

中州大道南北延伸高架工程:南起丰产路,北至连霍高速双喇叭立交南侧,全长约 4414m,工程主要由高架快速系统与地面主干路系统构成,建安投资金额约为 8.53 亿元,建设周期为 18 个月。

(3)陇海路快速通道工程。

陇海路快速通道作为郑州市道路快速系统的重要组成部分,是“一环两纵三横”中关键的“一横”,是郑州市一条穿越中心城区、贯通东西向的快速通道,承担城区内部中远距离车辆出行及城市中心区对外的交通快速疏散功能。工程西起西四环以西,东至京港澳高速公路以东,施工范围全长约 28.3km。全线共设置 4 座互通式立交、40 条平行上下桥匝道、4 座横向下穿隧道,采用高架快速路形式,高架路桥和地面道路均规划双向六车道,建安投资 80.3 亿元,建设工期 18 个月。

(4)郑州市 107 辅道(东三环)快速化工程。

位于郑州市中心城区东部,北起北四环,南至南四环,该工程分为高架北段(北四环—金水东路)10.19km、隧道段(金水东路—商都路)2.757km、高架南段(经南八路—南四环)1.71km,设计全长约 14.66km。标准段红线 80m,全线采用高架 + 隧道的形式,高架标准段采用地面双向八车道 + 高架双向八车道。其中,高架双向八车道,设计速度为 80km/h;地面双向八车道,设计速度为 50km/h。隧道段采用隧道双向八车道 + 地面双向八车道,其中隧道段双向八车道,设计速度 80km/h;地面双向八车道,设计速度 50km/h。

第二章　工程总承包管理内容与程序

第一节　工程总承包管理的内容

工程总承包管理应包括项目部的项目管理活动和工程总承包企业职能部门参与的项目管理活动。

工程总承包项目管理的范围应由合同约定。根据合同变更程序提出并经批准的变更范围,也应列入项目管理的范围。

工程总承包项目管理的主要内容应包括:任命项目经理,组建项目部,进行项目策划并编制项目计划;实施设计管理,采购管理,施工管理,试运行管理,进度管理,费用管理,设备材料管理,资金管理、质量管理,安全、职业健康和环境管理,人力资源管理,风险管理,沟通与信息管理,合同管理,现场管理,项目收尾等。

当建设单位聘请项目管理机构或监理机构时,项目部应按合同约定接受管理并配合工作。

第二节　工程总承包管理的程序

项目部应根据合同的约定、项目特点和企业项目管理体系的要求,制定所承担项目的管理程序。

项目部应严格执行项目管理程序,并使每一管理过程都体现计划、实施、检查、处理(PDCA)的持续改进过程。

工程总承包项目管理的基本程序应体现工程总承包项目生命周期发展的规律。其基本程序如下:

(1)项目启动:在工程总承包合同条件下,任命项目经理,组建项目部。

(2)项目初始阶段:进行项目策划,编制项目计划,召开开工会议;发表项目协调程序,发表设计基础数据;编制设计计划、采购计划、施工计划、试运行计划、质量计划、财务计划和安全管理计划,确定项目控制基准等。

(3)设计阶段:编制初步设计或基础工程设计文件,进行设计审查;编制施工图设计或详细的工程设计文件。

(4)采购阶段:采买、催交、检验、运输,与施工办理交接手续。

(5)施工阶段:施工开工前的准备工作,现场施工,竣工验收,移交工程资料,办理管理权移交,进行竣工结算。

(6)试运行阶段:对试运行进行指导与服务。

(7)合同收尾:取得合同目标考核合格证书,办理决算手续,清理各种债权债务;缺陷通知期限满后取得履约证书。

(8)项目管理收尾:办理项目资料归档,进行项目总结,对项目部人员进行考核评价,解散项目部。

项目部应组织设计、采购、施工、试运行各阶段,应组织合理的交叉和相互协调。

第三章　工程总承包管理组织

第一节　一般规定

工程总承包企业应建立与工程总承包相适应的项目组织，行使项目管理职责。

建设项目工程总承包应实行项目经理负责制。工程总承包企业宜采用“项目管理目标责任书”的形式，明确项目目标和项目经理的职责、权限和利益。

项目经理应根据工程总承包企业法定代表人授权的范围、时间和“项目管理目标责任书”中规定的内容，对工程总承包项目，自项目启动至项目收尾，实行全过程、全面管理。

工程总承包企业承担建设项目工程总承包，宜采用矩阵式管理。项目总承包部由项目经理领导，并接受企业职能部门指导、监督、检查和考核。

工程总承包企业在组建项目总承包部时，应依据项目合同确定的内容和要求，对其进行整体能力的评价。

项目总承包部在项目收尾完成后由工程总承包企业批准解散。

第二节　任命项目经理和组建项目总承包部

工程总承包企业应在工程总承包合同生效后，立即任命项目经理。

项目总承包部的设立应包括下列主要内容：

(1)根据工程总承包企业规定程序确定组织形式，组建项目总承包部。

(2)根据工程总承包合同和企业有关管理规定，确定项目总承包部的管理范围和任务。

(3)确定项目总承包部的职能和岗位设置。

(4)确定项目总承包部的组成人员、职责、权限。

(5)企业与项目经理签订“项目管理目标责任书”。

(6)组织编制项目总承包部的管理规定和考核、奖惩办法。

项目总承包部的组织形式应根据工程总承包项目的规模、组成、专业特点与复杂程度、人员状况和地域条件等确定。

项目总承包部的人员配置和管理规定应满足工程总承包项目管理的需要。

项目总承包部制订的管理规定与工程总承包企业现行的规章制度不一致时，应报送企业或其授权的职能部门批准。

第三节　项目总承包部的职能

项目总承包部应具有对工程总承包项目进行组织实施和控制的职能。

项目总承包部应对项目的质量、安全、费用和进度目标的实现全面负责。

在工程总承包合同范围内,项目总承包部应具有与建设单位、工程总承包企业各职能部门以及各其他相关方沟通与协调的职能。

第四节　项目总承包部岗位设置及管理

项目总承包部对其设立的岗位应明确岗位职责。

根据工程总承包合同范围和工程总承包企业的有关规定,项目总承包部可在项目经理以下设置总工程师、采购经理、施工经理、安全总监、试运行经理、财务经理、质量工程师、进度控制工程师、合同管理工程师、费用估算师、费用控制工程师、设备材料控制工程师、信息管理工程师等管理岗位。

项目总承包部主要岗位的职责范围应符合下列要求:

1. 项目经理

项目经理是工程总承包项目的负责人,经授权代表工程总承包企业负责执行项目合同,负责项目实施的计划、组织、领导和控制,对项目的质量、安全、费用和进度全面负责。

2. 总工程师

负责项目的施工组织策划,以及施工技术、质量管理、科技创新、信息化建设及设计协调工作。

3. 采购经理

负责组织、指导、协调项目的采购(包括采买、催交、检验和运输等)工作;处理项目实施过程中与采购有关的事宜及与供货厂商的关系;全面完成项目合同对采购要求的进度、质量以及工程总承包企业对采购费用控制的目标与任务。

4. 施工经理

负责项目的施工管理,对施工进度、施工质量、施工费用和施工安全进行全面监控。当具体施工任务由施工分包人进行时,负责对分包人的协调、监督和管理工作。

5. 安全总监

负责项目安全、职业健康及环境保护体系有效运行;代表项目总承包部对施工生产安全行使监督检查职能,促进项目实现安全发展。

6. 试运行经理

负责项目试运行服务的管理工作,具体包括:编制试运行管理计划和培训计划,协助建设单位确定生产组织机构、岗位职责;参加建设单位组织的试运行方案的讨论,指导建设单位编制试运行总体方案,组织编制“操作指导手册”;指导试运行的准备工作,协助处理试运行中发生的问题;参加考核、验收等工作。

7. 财务经理

负责项目的财务管理和会计核算工作。

8. 质量工程师

根据工程总承包企业的质量管理体系,负责项目的质量管理工作。

项目经理应对项目总承包部各岗位人员进行管理、评价、考核和奖惩。

第五节　项目经理的任职条件

工程总承包企业应明确项目经理的任职条件,确认项目经理任职资格,并对其进行管理。

工程总承包的项目经理应具备以下条件:

(1)具有注册一级建造师执业资格。

(2)具备决策、组织、领导和沟通能力,能正确处理和协调与建设单位、相关方之间及企业内部各专业、各部门之间的关系。

(3)具有工程总承包项目管理的专业技术和相关的经济和法律、法规知识。

(4)具有类似项目的管理经验。

(5)具有良好的职业道德。

第六节　项目经理的职责和权限

项目经理应履行下列职责:

(1)贯彻执行国家有关法律、法规、方针、政策和强制性标准,执行工程总承包企业的管理制度,维护企业的合法权益。

(2)代表企业组织实施工程总承包项目管理,对实现合同约定的项目目标负责。

(3)完成“项目管理目标责任书”规定的任务。

(4)在授权范围内负责与建设单位、分包人及其他项目干系人的协调,解决项目实施中出现的问题。

(5)对项目实施全过程进行策划、组织、协调和控制。

(6)负责组织处理项目的管理收尾和合同收尾工作。

项目经理应具有下列权限:

(1)经授权组建项目总承包部,提出项目总承包部的组织机构,选用项目总承包部成员,确定项目总承包部人员的职责。

(2)在授权范围内,按规定的职责,行使相应的管理权。

(3)在合同范围内,有权按规定程序使用工程总承包企业的相关资源,并取得有关部门的支持。

(4)主持项目总承包部的工作,组织制定项目的各项管理规定。

(5)根据企业法定代表人授权,协调和处理与项目有关的内、外部事项。

对项目经理的奖惩宜包括以下内容:

(1)经过考核和审计,工程总承包项目绩效显著,按“项目管理目标责任书”的规定进行表彰和奖励。

(2)经考核和审计,由于项目经理失职导致未完成合同目标或给企业造成损失,按“项目管理目标责任书”的规定给予相应处罚。

第七节　项目管理目标责任书

项目管理目标责任书是考核项目经理和项目总承包部的主要依据。

项目管理目标责任书应包括以下主要内容:

(1)规定应达到的项目安全目标、质量目标、环保目标、费用目标和进度目标等。

(2)明确工程总承包企业各职能部门与项目总承包部之间的关系。

(3)明确项目经理的责任、权限和利益。

(4)明确项目所需资源、计算方法,以及企业为项目提供的资源和条件。

(5)企业对项目总承包部人员进行奖惩的依据、标准和办法。

(6)项目经理解职和项目总承包部解体的条件及方式。

(7)在企业制度规定以外的,由企业法定代表人向项目经理委托的事项。

第四章　项 目 策 划

第一节　一 般 规 定

工程总承包项目策划属于项目初始阶段的工作,项目策划的输出文件是项目计划,包括项目管理计划和项目实施计划。

项目策划应针对项目的实际情况,依据合同和总承包企业管理的要求,明确项目目标、范围,分析项目的风险以及采取的应对措施,确定项目管理的各项原则要求、措施和进程。

根据项目的规模和特点,可将项目管理计划和项目实施计划合并编制为项目计划。

第二节　项目策划内容

项目策划应综合考虑技术、质量、安全、费用、进度、职业健康、环境保护等方面的要求,并应满足合同的要求。

项目策划应包括下列内容:

(1)明确项目目标,包括技术、质量、安全、费用、进度、职业健康、环境保护等目标。

(2)确定项目的管理模式、组织机构和职责分工。

(3)制定技术、质量、安全、费用、进度、职业健康、环境保护等方面的管理程序和控制指标。

(4)制订资源(人、财、物、技术和信息等)的配置计划。

(5)制定项目沟通的程序和规定。

(6)制订风险管理计划。

(7)制订分包计划。

第三节　项目管理计划

项目管理计划应由项目经理负责编制,由工程总承包企业主管领导审批。

项目管理计划编制的主要依据应包括:

(1)项目合同。

(2)建设单位和其他项目干系人的要求与期望。

(3)项目情况和实施条件。

(4)建设单位提供的信息和资料。

(5)相关市场信息。

(6)工程总承包企业管理层的决策意见。

项目管理计划应包括下列内容:

(1)项目概况。

(2)项目范围。

(3)项目管理目标。

(4)项目实施条件分析。

(5)项目的管理模式、组织机构和职责分工。

(6)项目实施的基本原则。

(7)项目沟通与协调程序。

(8)项目的资源配置计划。

(9)项目风险分析与对策。

第四节　项目实施计划

项目实施计划应由项目经理组织编制。

项目实施计划的编制依据应包括:

(1)批准后的项目管理计划。

(2)项目管理目标责任书。

(3)工程总承包企业管理层的决策意见。

(4)项目的基础资料。

编制项目实施计划应遵循下列程序:

(1)研究和分析项目合同、项目管理计划和项目实施条件等。

(2)拟订编制大纲。

(3)确定编写人员并进行分工编写。

(4)汇总协调与修改完善。

(5)按规定审批。

项目实施计划应包括:概述、总体实施方案、项目实施要点、项目初步进度计划等内容。

(1)概述应包括下列内容:

①项目简要介绍;②项目范围;③合同类型;④项目特点;⑤特殊要求。

注:当有特殊性时,应包括特殊要求。

(2)总体实施方案应包括下列内容:

①项目目标;②项目实施的组织形式;③项目阶段的划分;④项目工作分解结构;⑤项目实施要求;⑥项目沟通与协调程序;⑦对项目各阶段的工作及其文件的要求;⑧项目分包

计划。

(3)项目实施要点应包含下列内容:

①设计实施要点;②采购实施要点;③施工实施要点;④试运行实施要点;⑤合同管理要点;⑥资源管理要点;⑦质量控制要点;⑧进度控制要点;⑨费用估算及控制要点;⑩安全管理要点;⑪职业健康管理要点;⑫环境管理要点;⑬沟通和协调管理要点;⑭财务管理要点;⑮风险管理要点;⑯文件及信息管理要点;⑰报告制度。

(4)项目初步进度计划应确定下列活动的进度控制点:

①收集相关的原始数据和基础资料;②发表项目管理规定;③发表项目计划;④发表项目进度计划;⑤发表项目设计计划;⑥发表项目采购计划;⑦发表项目施工计划;⑧发表项目试运行计划;⑨发表项目费用计划;⑩签订分包合同;⑪发表项目各阶段的设计文件;⑫完成项目费用估算和预算;⑬关键设备材料采购;⑭取得项目施工许可证;⑮开始施工;⑯竣工;⑰开始试运行;⑱开始考核;⑲交付使用。

项目实施计划的管理应符合下列要求:

(1)项目实施计划应由项目经理签署,报工程总承包企业主管领导审批,必要时应经建设单位认可。

(2)当建设单位对项目实施计划有异议时,经协商后可由项目经理主持修改。

(3)在项目实施过程中,应对项目实施计划的执行情况进行动态监控,必要时可进行调整。

(4)项目结束后,项目经理部应对项目实施计划的编制、执行中的经验和问题进行总结分析,并归档。

第五章　PPP、BT项目风险管理

项目风险管理是指通过风险识别、风险分析和风险评价去认识项目的风险，并以此为基础合理使用各种风险应对措施、管理方法、技术和手段，对项目的风险实行有效控制，妥善处理风险事件造成的不利后果，以最少的成本保证项目总体目标实现的管理工作。

总承包部风险管理围绕“内外部环境、风险评估、控制活动、信息与沟通、内部监督”等内容，依据全面性、重要性和客观性、整改提高的原则，对所属部门的主要业务和事项进行评价。

风险管理工作，涵盖了总承包部所有部门的主要业务，包括综合办公室、工程管理部、合同管理部、质量管理部、安全环保部、财务部、物资设备部等部门。

为有效评估总承包管理过程中面临的各种风险，实现管控目标，总承包部形成一个上至总经理，下至各职能部门、项目经理部，覆盖主要业务活动的内部控制体系。总承包部根据“企业内部控制基本规范”要求，组织管理人员对总承包部所面临的风险进行分析、评价，结合工作实际情况，制订了相应的风险应对策略和风险管理解决方法。同时，对风险因素进行持续跟踪、动态分析，及时调整有关风险应对策略。

(1)从项目的时间、质量和成本目标来看，风险管理与项目管理的目标是一致的，即通过风险管理来降低项目进度、质量和成本方面的风险，实现项目管理目标。

(2)从项目范围管理来看，项目范围管理的主要内容包括界定项目范围和对项目范围变动的控制。

通过界定项目范围，可以明确项目的管理范围，将项目的任务细分为更具体、更便于管理的部分，避免因遗漏而产生风险。在项目进行过程中，各种变更是不可避免的，变更会带来某些新的不确定性，风险管理可以通过对风险的识别、分析、评价这些不确定性，从而向项目范围管理提出任务。

(3)从项目计划的职能来看，风险管理为项目计划的制订提供了依据。项目计划考虑的是未来，而未来必然存在不确定因素。风险管理的职能之一是减少项目整个过程中的不确定性，这有利于计划的准确执行。

(4)从项目沟通控制的职能来看，项目沟通控制主要是对沟通体系进行监控，特别要注意经常出现误解和矛盾的职能及组织间的接口，这些可以为风险管理提供信息。反过来，风险管理中的信息又可通过沟通体系传输给相应的部门和人员。

(5)以项目实施过程来看,不少风险都是在项目实施过程中由潜在变为现实的。风险管理就是在风险分析的基础上,拟定出具体的应对措施,以消除、减少、转移风险,利用有利机会避免产生新的风险。

第一节 风险识别

风险识别包含两方面内容:识别哪些风险可能影响项目进展及记录具体风险的各方面特征。风险识别不是一次性行为,而应有规律地贯穿整个项目之中。

风险识别包括识别内在风险及外在风险。内在风险是指项目经理部能加以控制和影响的风险,如人事任免和成本估计等。外在风险是指超出项目经理部掌控力和影响力之外的风险,如市场转向或政府行为等。

严格来说,风险仅仅是指遭受创伤和损失的可能性,但对项目而言,风险识别还涉及机会选择(积极成本)和不利因素威胁(消极结果)。

项目风险识别应凭借对"因"和"果"(将会发生什么导致什么)的认定来实现,或通过对"果"和"因"(什么样的结果需要予以避免或促使其发生,以及怎样发生)的认定来完成。

对风险识别的输入包括:

(1)产品说明。

在所识别的风险中,项目产品的特性起决定作用。生产技术已经成熟完善的产品要比尚待革新和发明的产品风险低得多。与项目相关的风险常用"产品成本"和"预期影响"来描述。

(2)其他计划输出。

工作分析结构:非传统形式的结构细分往往能提供给我们高一层次分支图所不能看出来的选择机会。

成本估计和活动时间估计:不合理的估计及仅凭有限信息做出的估计会产生更多风险。

人事方案:确定团队成员有独特的工作技能使之难以替代,或有其他职责使成员分工细化。

必需品采购管理方案:类似发展缓慢的地方经济这样的市场条件往往可能提供降低合同成本的选择。

(3)历史资料。

有关以前若干个项目情况的历史资料对识别目前项目的潜在风险具有特殊帮助。这种历史资料往往可以从以下渠道获得。

项目资料文件:一个项目所牵涉的一个或更多的组织往往会保留过去项目的记录,这些记录会很详细,足以协助进行风险识别工作。实际上,某些团队的成员就保有这样的记录。

商业数据:在很多应用领域我们可以获得商业的历史信息。

项目组的经验知识:项目组成员都会记得以往项目的产出和消耗情况。当然这样收集的信息可能很有用,但与以文件资料形式记录的信息相比可靠性低些。

第二节　风险评估

首先,组建项目风险管理机构,开展风险控制活动。选拔具有一定素质的风险管理人员来组成风险管理组织机构;明确风险管理组织机构和有关人员的职责与分工;建立风险管理的相关制度,包括风险管理实施细则、绩效考核、激励制度;投入必要的财力、物力来满足风险管理的要求;及时对风险管理工作进行检查与考核,并进行必要的交底和教育工作。

其次,建立项目风险管理考核机制,推进风险控制工作。项目风险的发生对整个企业的影响是相当大的,从而使项目的风险管理成为企业风险管理的主要工作之一。因此,企业对项目经理部的项目风险管理工作应建立一套完整的激励、考核、培训机制。

再者,加强项目经理队伍建设,发挥项目经理的关键作用。项目风险管理的好坏,除了有好的机制以外,最重要的就是人才因素。项目经理在项目风险管理中的位置显然是最重要的,如何选择、任用、考核好项目经理,是抓好项目风险管理的关键。

1. 风险的客观性

风险的客观性,首先表现在它的存在是不以个人的意志为转移的。从根本上说,这是因为决定风险的各种因素相对风险主体是独立存在的,不管风险主体是否意识到风险的存在,在一定条件下仍有可能变为现实。其次,还表现在它是无时不有、无所不在的,它存在于人类社会的发展进程中,潜藏于人类从事的各种活动之中。

2. 风险的不确定性

风险的不确定性是指风险的发生是不确定的,即风险的程度有多大、风险何时何地由可能转变为现实均是不确定的。这是由于人们对客观世界的认识受到各种条件的限制,不可能准确预测风险的发生。

3. 风险的不利性

风险一旦产生,就会使风险主体产生挫折、失败甚至损失,这对风险主体是极为不利的。风险的不利性要求我们在承认风险、认识风险的基础上,做好决策,尽可能地避免风险,将风险的不利性降至最低。

4. 风险的可变性

风险的可变性是指在一定条件下风险可以转化。风险的可变性包括以下内容:

(1)风险性质的变化。

(2)风险量的变化。

(3)某些风险在一定空间和时间范围内被消除。

(4)新的风险产生。

5. 风险的相对性

风险的相对性是针对风险主体而言的,即使在相同的风险情况下,不同的风险主体对风险的承受能力是不同的。风险主体对风险的承受能力不同,主要与收益的大小、投入的大小和风险主体的地位以及拥有的资源量有关。

6. 风险同利益的对称性

风险同利益的对称性是指对风险主体来说,风险和利益必然是同时存在的,即风险是利益的代价,利益是风险的报酬。如果没有利益而只有风险,那么谁也不会去承担这种风险;另一方面,为了实现一定的利益目标,必须以承担一定的风险为前提。

第三节 风险管理

在全面分析评估风险因素的基础上,制订有效的管理方案是风险管理工作的成败的关键,它直接决定管理的效率和效果。因此,翔实、全面、有效成为方案的基本要求,其内容应包括:风险管理方案的制订原则和框架、风险管理的措施、风险管理的工作程序等。

1. 可行、适用、有效性原则

管理方案首先应针对已识别的风险源,制订具有可操作的管理措施,适用有效的管理措施能大幅提高管理的效率和效果。

2. 经济、合理、先进性原则

管理方案涉及的多项工作和措施,应力求管理成本的节约,管理信息流畅、方式简捷、手段先进,才能显示出高超的风险管理水平。

3. 主动、及时、全过程原则

项目的全过程建设期分为前期准备阶段(可行性研究阶段、勘察设计阶段、招标投标阶段)、施工及保修阶段、生产运营期。对于风险管理,仍应遵循主动控制、事先控制的管理思想,根据不断发展变化的环境条件和不断出现的新情况、新问题,及时采取应对措施,调整管理方案,并将这一原则贯彻项目全过程,以充分体现风险管理的特点和优势。

4. 综合、系统、全方位原则

风险管理是一项系统性、综合性极强的工作,不仅其产生的原因复杂,而且后果影响面广,所需处理措施综合性强。例如项目的多目标特征(投资、进度、质量、安全、合同变更和索赔、生产成本、利税等目标)。因此,要全面彻底地降低乃至消除风险因素的影响,就必须采取综合治理原则,动员各方力量,科学分配风险责任,建立风险利益的共同体和项目全方位风险管理体系,这样才能将风险管理的工作落到实处。

第六章　项目施工技术管理

第一节　技 术 管 理

一、技术管理的概念

技术管理是指一个施工企业对生产技术工作进行的一系列组织指挥、协调和控制等活动的总称，它是实现项目控制目标所采取的必要手段。

技术管理是施工企业生产经营管理过程中的重要组成部分。在当今发展快速的社会里，技术管理将越来越成为企业发展的核心要素，对管理者也是巨大挑战。在影响技术创新的所有因素中最重要的因素是技术能力和技术管理。

施工企业技术管理的任务是正确贯彻国家的技术政策，研究、认识和利用技术规律；科学组织各项技术工作，建立施工企业正常的生产技术秩序，保证生产的顺利进行；不断改进原有技术和采用新技术，推进企业的技术进步，不断提高企业的技术水平；通过技术创新，建立技术优势，增强企业核心竞争力，努力提高技术的经济效益。为此，施工企业技术管理必须尊重科学技术规律，认真贯彻国家技术政策，遵循技术与经济效益相结合的原则来进行。

二、技术管理体系

技术管理体系由技术管理组织体系和技术管理责任制度构成。

1. 技术管理组织体系

技术管理，是一项系统工程，是构建施工企业核心竞争力的重要内容。尤其在项目管理全过程中的进度控制、投资控制、安全控制和质量控制等各方面，技术管理都起着重要作用，可以说是施工中各项管理的基础。

2. 技术管理责任制度

建立技术管理体系，就是在施工阶段技术管理工作中，建立各项技术管理责任制度，正确划分各级技术管理权限，明确和完善各阶段和各级别的技术负责人。每一级别的责任到人，每一级别负责人要明确自己的职责。

(1)总承包部总工程师的职责。

①总承包部总工程师在项目经理领导下，对项目技术管理负全面领导责任。对工程任务负有技术指导和管理的领导责任，监督各级职能部门领导和项目负责人履行技术质量管理职责。

②负责科技进步工作。根据国家技术政策和国内外市场预测,负责组织编制项目的技术开发、技术引进、技术改造规划与计划,并在总经理批准下具体负责实施工作。大力开展和推广应用新技术、新工艺。组织国内科技成果转化、引进国外先进技术的消化吸收与创新工作。对全局性、综合性的重大技术引进推广或开发性研究项目,组织协调攻关工作;主持评定与奖励科技成果、技术革新及合理化建议等。

③组织技术规程、施工规范、质量标准的贯彻落实,负责审定大型或重要工程施工组织设计和项目质量计划以及施工方案和重大技术措施,签署相关技术文件。

④负责主持项目的科技情报和技术档案的管理工作,以及对外技术交流工作。

⑤领导项目中施工技术的科学试验和研究工作。对涉及新技术、新工艺、新材料的质量问题,负有鉴定和决策责任;对检验测试工作机构、人员、设备、仪器的配备、校准和管理制度的建立和健全,承担技术指导和领导责任。

⑥组织质量事故调查,审定处理措施,或直接组织项目的质量联检、工程质量评定和工程竣工报验工作。领导和组织工程质量方面文件和质量记录的管理、归档及其他有关事宜。

⑦对安全工作从技术上负责。审批项目安全专项方案或措施,对于危险性较大的安全专项方案按照住房和城乡建设部《危险性较大的分部分项工程安全管理规定》的要求组织专家评审,参加或主持安全事故分析。

(2)工程技术管理部门技术管理职责。

①负责总承包部的工程技术管理工作。

②负责编写工程大事记。

③负责与设计单位的沟通和协调,组织设计图纸的会审和设计变更管理。

④负责组织编写总体施工组织设计方案、安全技术方案、组织重大施工技术方案交底;负责审核分段工程施工组织设计方案,对工程管理工作进行指导。

⑤负责落实施工进度,对总体和阶段施工进度目标进行分析、评价和论证。

⑥负责组织编制进度计划,根据施工进度计划的完成情况,适时提出修正计划。

⑦负责新技术、新工艺、新设备、新材料及先进科技成果的推广和应用。

⑧落实检查各项目经理部施工方案的实施,负责现场施工技术问题的处理。

⑨负责组织编写工程技术总结报告和专题总结报告。

(3)工程技术部门经理主要职责。

在总工程师的带领下,工程技术部门经理负责项目的技术管理工作。工程技术部门经理的主要职责包括:

①协助总工程师负责项目的技术工作,决定项目范围内的重要技术问题。

②组织相关人员学习图纸和参加施工图纸会审,主持工程项目的技术交底。

③主持编制施工组织设计文件,组织编制和审查施工技术措施、专项施工方案。

④深入现场掌握施工动态,及时指导、解决施工技术难题,督促施工人员做好原始记录。

⑤负责项目安全生产的技术工作,组织编制并制定安全技术措施,组织项目专项安全方

案的评审。

⑥参加质量事故的调查分析,参加安全事故调查分析,制定防止事故技术措施。

⑦组织编制并审定项目的技术创新计划,推广施工新技术、新工艺、新设备,新材料。提出或审查合理化建议,组织开展项目技术创新活动。

⑧组织技术人员学习技术业务。组织项目施工技术经验交流及技术专题讨论。

⑨参加月、周作业计划的编制,制定完成计划和技术经济指标的技术措施。

⑩组织编制并审核施工技术总结,组织建立施工技术档案。

三、施工技术管理

(一)设计图纸管理

1. 建立图纸会审制度

市政工程是一项长期而复杂的工程,在这一过程中有完善的技术管理制度,工作才可以有条不紊地开展。图纸会审是工程的指导性工作,必须严谨一丝不苟。在图纸审核过程中,要有步骤开展,图纸的审核和更改要在技术负责人签字和相关领导意见一致的基础上进行,对图纸的审核主要内容包括图纸的合法性、整体性、设计材料的选用和相关建议等。

施工图纸是进行施工的依据,图纸学习与会审的目的是领会设计意图,熟悉图纸内容,明确技术要求,及早发现并消除图纸中的技术错误和不当之处,保证施工顺利进行。

2. 图纸会审的内容

(1)设计图纸必须是设计单位正式签署的图纸,凡是无证设计或非设计单位正式签署的图纸均不得用于施工。

(2)设计是否符合国家的有关技术政策、经济政策和相关规定。

(3)设计计算的假设条件和采用的处理方法是否符合实际情况,施工时有无足够的稳定性,对安全施工有无影响。

(4)地质勘探资料是否安全,设计的地震烈度是否符合要求。

(5)图纸及说明是否清楚、明确,有无矛盾。

(6)图纸上的尺寸、高程、轴线、坐标及各种管线、道路、立体交叉、连接有无矛盾等。

(7)实施新技术项目、特殊工程、复杂设备的技术可能性和必要性如何,是否有必要的措施。

3. 图纸会审纪要

图纸会审由建设单位组织,将会审中各方提出的问题以及相关建议,汇总形成正式文件或会议纪要并会签,作为施工或修改设计的依据。

(二)建立技术交底制度

建立技术交底制度,可以明确技术管理人员与工人各自的工作及职责和相关的要求标准,这样双方才能够互相协作,有计划、有组织开展施工。

施工技术交底的依据:与建设单位签订的工程合同文本;建设单位或设计单位交付的施

工设计文件、图纸及资料；建设单位组织设计单位向施工单位技术交底的资料；相应规范、规程；施工调查资料等。

总承包部技术交底工作由总工程师负责，技术部具体实施，项目经理部技术交底由项目总工程师负责，技术部门负责落实和实施。

凡没有经过技术交底的工程项目不得开工，技术交底要有与会人员签字记录、会议相关影像资料。

技术交底应分级进行、分级管理：

(1)设计技术交底，由建设单位组织设计单位进行，监理单位、总承包部、项目经理部参加。参加人员为：总承包部及项目经理部总工程师、技术部门及相关部门技术人员。主要明确设计意图、了解设计内容、了解征地拆迁的情况、核对主要工程数量、明确施工要求等。

(2)在施工准备阶段(编制的项目总体施工组织设计获批后，开工之前)由总承包部总工程师组织，向总承包部及项目经理部管理人员、作业队负责人与技术人员进行总体技术交底并做好记录。进行技术交底的主要内容：施工调查、征地拆迁情况、工程内容、单项或单位工程的特点、设计要求、规范要求、施工图构造尺寸、施工方案及方法、施工程序、工程防护措施、环保要求、质量、职业健康、安全技术管理措施、施工注意事项等。

(3)项目经理部的施工组织设计技术交底，在编制的施工组织设计批准后，开工之前进行。由项目经理部总工程师负责主持，总承包部现场主管参加，主要对象为本施工段管理人员、主要施工项目负责人。技术交底力求准确详尽，内容包括工程概况、设计技术标准、施工方案、施工方法、工艺要求、工期安排、技术措施和操作规程，以及质量、安全、环保措施等。

(4)分部、分项工程开工之前，项目经理部相关技术人员对班组和作业人员进行技术交底。技术交底要求详尽，具体包括施工方法、工艺要求、技术措施，以及质量、安全、环保措施等，技术交底要求落实到每个作业人员。

(5)技术交底资料要经过复核、参与会议双方签字，要求清晰明了，语言简洁，图纸尺寸、说明尽量以数据方式进行描述。

(6)技术交底实行动态管理制度，施工班组或施工人员更换或增加时，应对新进场的施工班组和人员重新进行技术交底，不得缺漏。

(7)涉及安全专项施工方案必须进行专项的安全技术交底。

(三)施工方案审核制度

总承包部制定施工方案审核制度，由各施工标段技术负责人编制专项施工方案，上报总承包部技术部负责人审核后，报总工程师审核，总工程师审核后再报监理工程师、建设单位批复。危险性较大的分部分项工程需要编制专项施工方案，并组织专家对专项施工方案进行论证，论证合格后，才能应用到施工中。施工方案的主要内容包括：施工方法、施工机具、施工组织、施工顺序、现场平面布置图、技术组织措施。

(四)技术资料管理

技术文件是工程施工的主要根据。技术文件管理是技术管理的重要组成部分。因此应及时供给、完整地传递、妥善保管、准确使用技术文件,防止错用、丢失、泄密。

1. 管理范围

(1)国家及行业的标准规范,与施工技术有关的技术标准、设计文件及图纸。

(2)相关法律、法规与部门规章制度。

(3)由设计单位提供的设计文件及图纸。

(4)项目公司、总承包部、项目经理部编制的施工组织设计、施工方案文件、质量计划、特殊过程的作业指导书等。

(5)施工过程中形成的各种数据、表格、图纸、设计变更、纪要、记录 。

(6)发包、承包合同文件和与施工技术有关的技术文件、资料。

2. 文件管理

(1)设计或建设单位供应的设计文件,由总承包部按规定份数点收,并分发给参加施工的单位。

(2)各标段工程部按照各自施工任务划分,将总承包部分发的设计文件分发给施工的工区(作业队)。

(3)各种标准、规范、设计文件应分别登记造册,随时掌握其报废、新增、变更、修改等动态信息,并及时通知有关人员,以满足施工技术工作的需要。

(4)设计文件应装订成册,将变更的设计图纸及时插入图册,作废图纸应及时标明作废标志,并登记变更情况,变更记录应整理汇总成册备用。

第二节　施工组织设计及专项方案管理

一、施工组织设计编制内容和方法

(一)编制要求

符合建设单位与施工单位签订的合同书约定的各项要求;符合该工程所确定的各项目标;符合设计及现行的有关规范、标准要求;符合现场施工的具体条件,具有针对性、指导性、预控性和可操作性。

(二)编制原则

施工组织设计按编制对象,可分为总体施工组织设计、单位工程施工组织设计和施工方案,并遵循以下编制原则:

(1)施工组织设计应符合施工合同中有关工程进度、质量、安全文明施工、环境保护、造价等方面的要求。

(2)积极开发、使用新技术和新工艺,推广应用新材料和新设备;各总承包部应当积极利用工程特点、组织开发、创新施工技术和施工工艺。

(3)坚持科学的施工程序和合理的施工顺序,采用流水施工和网络计划等方法,科学配置资源,合理布置现场,采取季节性施工措施,实现均衡施工,达到合理的经济技术指标。

(4)结合工程实际,因时、因地制宜,统筹安排,综合平衡,妥善协调各分部分项工程,均衡施工。

(三)编制依据

(1)工程建设有关的法律、法规和文件。

(2)国家现行的有关标准和规范。

(3)合同书相关要求。

(4)设计图纸及相关设计变更。

(5)工程所在地区的施工条件(包括自然条件、水电供应、交通、地上地下管线、周边环境、环保、防洪及规划等)和现场考察最新调查成果。

(6)目前国内外可能达到的施工水平、施工设备及材料供应情况。

(四)施工组织设计编制内容

第一章　工程概况

第一节　编制依据

(1)与工程建设相关的法律、法规、规章和规范性文件。

(2)国家现行标准和技术经济指标。

(3)工程施工合同文件。

(4)工程设计文件。

(5)地域条件和工程特点,工程施工范围内及周边的现场条件,气象、工程地质及水文地质等自然条件。

(6)与工程有关的资源供应情况。

(7)企业的生产能力、施工机具状况、经济技术水平等。

第二节　工程简介

工程地理位置、承包范围、各专业工程结构形式、主要工程量、合同要求等。

第三节　现场施工条件

(1)气象、工程地质和水文地质状况。

(2)影响施工的构(建)筑物情况。

(3)周边主要单位(居民区)、交通道路及交通情况。

(4)可利用的资源分布等其他应说明的情况。

第二章　施工总体规划

第一节　主要工程管理目标

包括进度、质量、安全和环境保护等目标。

第二节　总体组织安排

应确定项目经理部的组织机构及管理层级,明确各层级的责任分工,宜采用框图的形式辅助说明。

第三节　总体施工安排

根据工程特点,如工程的重点和难点等,从工程整体实施的角度,在保证工期的前提下,在全局上实现施工的连续性和均衡性。结合施工顺序及空间组织逻辑关系,确定施工顺序、空间组织,并对施工作业的衔接进行总体安排。桥梁工程、地下管线、隧道工程等专业工程在施工时需考虑空间组织。

第四节　施工进度计划

施工进度计划依据工期目标及有关技术经济资料编制。划分施工阶段,确定施工进度计划及施工进度关键节点,施工进度计划宜采用网络图或横道图及进度计划表等形式编制,并附必要说明。

第五节　总体资源配置

(1)确定总用工量、各工种用工量及工程施工过程中各阶段的各工种劳动力投入计划[按照工程量、根据进度计划并参考概(预)算定额或有关技术经济资料确定]。

(2)确定主要建筑材料、构配件和设备进场计划,并明确规格、数量、进场时间等。

(3)确定主要施工机具进场计划,并明确型号、数量、进出场时间等。

第六节　专业承包项目施工安排

专业工程分包应符合有关法律法规的规定,并对专业施工单位选择要求及管理方式等进行安排。

第三章　施工现场平面布置

依据工程项目施工影响范围内的地形、地貌、地物及拟建工程主体等,绘制施工现场总平面布置图。

(1)生产区、生活区、办公区等各类设施建设方式及动态布置安排。

(2)确定临时道路与临时桥梁的位置及结构形式,并对现场交通组织形式进行简要说明。

(3)根据工程量和总体施工安排,确定加工厂、材料堆放场、搅拌站、机械停放场等辅助施工生产区域,并说明位置、面积、结构形式及运输路径。

(4)确定施工现场临时用水、临时用电布置安排,并进行相应的计算和说明。

(5)确定现场消防设施的配置并进行简要说明。

第四章　施 工 准 备

主要包括技术准备、现场准备及资金准备。

(1)技术准备应包括技术资料准备及工程测量方案等。

(2)现场准备应包括现场生产、生活及办公等临时设施的安排与计划;应针对现场平面布置未包含的现场准备相关内容进行编制。

(3)资金准备应包括资金使用计划及筹资计划等,并结合图表形式进行辅助说明。

第五章　施工技术方案

施工技术方案应针对各专业工程分别编制,是施工方案的编制基础,应在准确、合理的基础上力求简洁。应包括施工顺序、施工工艺流程及施工方法，并满足下列要求：

(1)应结合工程特点、国家现行标准、工程图纸和现有的资源，明确施工起点、流向和施工顺序，确定各分部(分项)工程施工工艺流程，宜采用流程图的形式表示。

(2)应确定各分部(分项)工程施工方法，并应结合工程图表等形式进行辅助说明。

第六章　主要施工保证措施

根据工程特点并针对工程整体编写。

第一节　进度保证措施

进度保证措施包括进度管理措施、进度技术措施等。

进度管理措施包括下列主要内容：

(1)资源保证措施应针对劳动力、施工机具、建筑材料、构配件和设备等施工资源制订，并考虑异常状况，如农忙时节、节假日劳动力保证措施，对资源供方及分包单位的进度控制措施等。

(2)资金保障措施是指为保证工程进度而制订的资金使用及筹资措施。

(3)沟通协调措施是指为保证工程进度，与工程所涉及的内部和外部有关组织及个人进行沟通协调而制订的措施。例如，工程例会、访问等沟通协调方式。

(4)夜间施工保证措施是指为保证工程进度，在夜间施工所采取的一些辅助措施，例如照明设施配备齐全、加强防护，必要时增加信号传递员等。

进度技术措施应充分考虑技术的先进性和经济性及对进度的影响，其包括下列主要内容：

(1)分析影响施工进度的关键工作，制订关键节点控制措施(关键工作能否按计划完成，直接影响工程进度目标的实现)。

(2)分析影响施工进度的各种因素，进行动态管理，制订必要的纠偏措施(采取网络计划技术进行必要纠偏，防止非关键工作成为关键工作。例如，增加投入、使用早强混凝土、采用早拆模板施工技术等措施)。

第二节　质量保证措施

质量保证措施的编制应与工程特点、施工条件及施工方法等相适应，包括质量管理措施、质量技术措施等。

质量管理措施包括下列主要内容：

(1)建立质量管理组织机构、明确职责和权限。

(2)建立质量管理制度。根据工程特点建立各项质量管理制度，如质量目标管理制度、施工质量检查制度、试验和检测管理制度、施工质量问题处理制度、质量事故问题处理制度等。可在施工组织设计中列出所建立的各项制度目录。

(3)制订对资源供方及分包方的质量管理措施等。

质量技术措施包括下列主要内容：

(1)施工测量误差控制措施。应符合设计文件、相应的技术标准及工程需要，如对测量仪器、设备、工具等进行符合性检查;对基准点、基准线和高程进行内业、外业复核;对施工控制点、线、网进行保护并定期复核等。

(2)建筑材料、构配件和设备、施工机具、成品(半成品)进场检验措施。

(3)重点部位及关键工序的保证措施。

(4)建筑材料、构配件和设备及成品(半成品)保护措施。

(5)质量通病预防和控制措施。

(6)试验、检测保证措施。

第三节　安全管理措施

(1)根据工程特点,项目经理部应建立安全施工管理组织机构,明确职责和权限。

(2)根据工程特点建立各项安全施工管理制度,如目标管理制度、安全会议制度、安全检查制度、安全技术交底制度、安全培训制度、安全事故处理制度、治安保卫制度、用火审批制度、消防安全制度、门卫值守管理制度等。可在施工组织设计中列出建立的各项制度目录。

(3)根据危险源辨识和评价的结果,按工程内容和岗位职责对安全目标进行分解,并制订必要的控制措施。控制措施应按如下优先顺序考虑降低风险。

①消除:改变设计以消除危险源,如引入机械提升装置,以消除手举重物危险源等。

②替代:用低危害材料替代或降低系统能量,如采用低噪声环保设备替代高噪声设备等。

③工程控制措施:高处作业安全控制措施;机械设备、起重设备安全控制措施;现场用电、现场交通、消防、保卫安全控制措施;清淤、疏通地下管理防止中毒、窒息安全控制措施;脚手架、支架施工安全控制措施;沟槽、基坑安全控制措施;季节性、夜间施工安全控制措施;主要分项工程施工等安全控制措施。

④标示、警告和(或)管理控制措施:安全标志、安全防护、安全警示控制措施。

⑤个体防护装备:安全防护眼镜、听力保护器具、面罩、安全带和安全索、口罩和手套。

第四节　环境保护及文明施工管理措施

根据工程特点,建立环境保护及文明施工管理组织机构,明确职责和权限;建立环境保护及文明施工管理检查制度;确定环境保护及文明施工资源配置计划。

施工现场环境保护措施应包括下列主要内容:

(1)扬尘、烟尘防治措施。

(2)噪声防治措施。

(3)生活、生产污水排放控制措施。

(4)固体废弃物管理措施。

(5)水土流失防治措施等。

施工现场文明施工管理措施应包括下列主要内容:

(1)封闭管理措施。

(2)生产、生活、办公及辅助设施等临时设施管理措施。

(3)施工机具管理措施。

(4)建筑材料、构配件和设备管理措施。

(5)卫生管理措施、便民措施等。

第五节　成本控制措施

建立成本控制体系,对成本控制目标进行分解。

根据工程规模和特点进行技术经济分析并制订管理和技术措施,控制人工费、材料费、机械费、管理费等成本。

第六节　季节性施工保证措施

(1)针对冬雨期对分部(分项)工程施工的影响,应制订冬雨期施工保证措施,并应编制施工资源配置计划。

(2)针对低(高)温对分部(分项)工程施工的影响,应制订低(高)温施工保证措施,并应编制施工资源配置计划。

(3)应制订其他季节性施工保证措施。

第七节　交通组织措施

针对施工作业区域内及周边交通编制交通组织措施,交通组织措施应包括交通现状、交通组织安排等。有通航要求的工程,应制订通航保障措施。

交通现状情况应包括施工作业区域内及周边的主要道路、交通流量及其他影响因素。

交通组织安排应包括下列主要内容:

(1)依据总体施工安排划分交通组织实施阶段,确定各实施阶段的交通组织形式及人员配置,绘制各实施阶段交通组织平面示意图,示意图应包括下列内容:

①施工作业区域内及周边的现状道路;

②围挡布置、临时道路与临时桥梁设置;

③车辆及行人通行路线;

④现场临时交通标志、交通设施的设置;

⑤图例及说明;

⑥其他应说明的相关内容。

(2)确定施工作业影响范围内的主要交通路口及重点区域的交通疏导示意图,示意图应包括下列内容:

①车辆及行人通行路线;

②围挡布置及施工区域出入口设置;

③现场临时交通标志、交通设施的设置;

④图例及说明;

⑤其他应说明的相关内容。

第八节　构(建)筑物及文物保护措施

应对施工影响范围内的构(建)筑物及地表文物进行调查,调查情况采用文字、表格或平面布置图等形式说明。

分析工程施工作业对施工影响范围内构(建)筑物的影响,并应制订保护、监测和管理措施。

制订构(建)筑物发生意外情况时的应急处理措施。

针对施工过程中发现的文物,及时上报文物管理单位并制订现场保护措施。

第九节 应急措施

应急措施应针对施工过程中可能发生事故的紧急情况编制。应急措施的编制需要充分考虑应急救援中可能产生的次生灾害和损失,要素应齐全、完整,反映主要的重大事故风险,避免应急措施相互孤立、交叉和矛盾。应急措施应包括下列主要内容:

(1)建立应急救援组织机构,组建应急救援队伍,并明确职责和权限。

(2)分析评价事故可能发生的地点和可能造成的后果,制订事故应急处置程序、现场应急处置措施及定期演练计划。

(3)对于应急物资和装备保障,应明确应急救援需要使用的应急物资和装备的类型、数量、性能、存放位置、管理责任人及其联系方式等内容。

二、施工组织设计编制、审核、审批相关要求

(1)总体施工组织设计应由施工总承包单位的项目经理主持并组织有关施工技术人员进行编制,由施工总承包单位的技术负责人进行审核,施工总包单位的项目经理进行审批。

(2)分项施工组织设计应由承包单位的项目负责人主持并组织有关施工技术人员进行编制,项目技术负责人审核,然后报送至总承包单位并且有总承包单位工程管理部、经营合同部、质量管理部、安全环保部、中心试验室、物资设备部进行会审,然后由总承包单位技术负责人审批并交由监理单位、项目公司及建设单位审批。

施工组织设计及各专项施工方案审批完成后,由各项目经理部负责整理归档,同时报总承包部、监理、建设单位等相关单位备案。

三、危险性较大的分部分项工程安全专项施工方案

对房屋建筑和市政基础设施工程的新建、改建、扩建、装修和拆除等建筑安全生产活动及安全管理,须执行《危险性较大的分部分项工程安全管理规定》(建办质〔2018〕31 号)。

为加强对危险性较大的分部分项工程安全管理,明确安全专项施工方案编制内容,规范专家论证程序,确保安全专项施工方案实施,积极防范和遏制建筑施工生产安全事故的发生。

危险性较大的分部分项工程是指建筑工程在施工过程中存在的、可能导致作业人员群死群伤或造成重大不良社会影响的分部分项工程。

危险性较大的分部分项工程安全专项施工方案(以下简称“专项方案”),是指施工单位

在编制施工组织(总)设计的基础上,针对危险性较大的分部分项工程单独编制的安全技术措施文件。

建设单位在申请领取施工许可证或办理安全监督手续时,应当提供危险性较大的分部分项工程清单和安全管理措施。施工单位、监理单位应当建立危险性较大的分部分项工程安全管理制度。

施工单位应当在危险性较大的分部分项工程施工前编制专项方案;对于超过一定规模的危险性较大的分部分项工程,施工单位应当组织专家对专项方案进行论证。

建筑工程实行施工总承包的,专项方案应当由施工总承包单位组织编制。其中,起重机械安装拆卸工程、深基坑工程、附着式升降脚手架等专业工程实行分包的,其专项方案可由专业承包单位组织编制。

专项方案编制应当包括以下内容:

(1)工程概况:危险性较大的分部分项工程概况、施工平面布置、施工要求和技术保证条件。

(2)编制依据:相关法律、法规、规范性文件、标准、规范及图纸(国标图集)、施工组织设计等。

(3)施工计划:包括施工进度计划、材料与设备计划。

(4)施工工艺技术:技术参数、工艺流程、施工方法、检查验收等。

(5)施工安全保证措施:组织保障、技术措施、应急预案、监测监控等。

(6)劳动力计划:专职安全生产管理人员、特种作业人员等。

(7)计算书及相关图纸。

专项方案应当由施工单位技术部门组织本单位施工技术、安全、质量等部门的专业技术人员进行审核。经审核合格的,由施工单位技术负责人签字。实行施工总承包的,专项方案应当由总承包单位技术负责人及相关专业承包单位技术负责人签字。

不需专家论证的专项方案,经施工单位审核合格后报监理单位,由项目总监理工程师审核签字。

超过一定规模的危险性较大的分部分项工程专项方案,应当由施工单位组织召开专家论证会。实行施工总承包的,由施工总承包单位组织召开专家论证会。

下列人员应当参加专家论证会:

(1)专家组成员。

(2)建设单位项目负责人或技术负责人。

(3)监理单位项目总监理工程师及相关人员。

(4)施工单位分管安全的负责人、技术负责人、项目负责人、项目技术负责人、专项方案编制人员、项目专职安全生产管理人员。

(5)勘察、设计单位项目技术负责人及相关人员。

专家组成员应当由 5 名及以上符合相关专业要求的专家组成。本项目参建各方的人员不得以专家身份参加专家论证会。

专家库的专家应当具备以下基本条件:

(1)诚实守信、作风正派、学术严谨。

(2)从事专业工作15年以上或具有丰富的专业经验。

(3)具有高级专业技术职称。

专家论证的主要内容:

(1)专项方案内容是否完整、可行。

(2)专项方案计算书和验算依据是否符合有关标准规范。

(3)安全施工的基本条件是否满足现场实际情况。

专项方案经论证后,专家组应当提交论证报告,对论证的内容提出明确的意见,并在论证报告上签字。该报告作为专项方案修改完善的指导意见。

施工单位应当根据论证报告修改完善专项方案,并经施工单位技术负责人、项目总监理工程师、建设单位项目负责人签字后,方可组织实施。

施工单位应当严格按照专项方案组织施工,不得擅自修改、调整专项方案。

如因设计、结构、外部环境等因素发生变化确需修改的,修改后的专项方案应当重新组织专家论证,并报送总承包部、监理单位、项目公司、建设单位重新审核。

超过一定规模的危大工程专项施工方案经专家论证后结论为“通过”的,施工单位可参考专家意见自行修改完善;结论为“修改后通过”的,专家意见要明确具体修改内容,施工单位应当按照专家意见进行修改,并履行有关审核和审查手续后方可实施,修改情况应及时告知专家。

专项方案实施前,编制人员或项目技术负责人应当向现场管理人员和作业人员进行安全技术交底。

施工单位应当指定专人对专项方案实施情况进行现场监督和按规定进行监测。发现不按照专项方案施工的,应当要求其立即整改;发现有危及人身安全紧急情况的,应当立即组织作业人员撤离危险区域。

施工单位技术负责人应当定期巡查专项方案实施情况。

对于按规定需要验收的危险性较大的分部分项工程,施工单位、监理单位应当组织有关人员进行验收。验收合格的,经施工单位项目技术负责人及项目总监理工程师签字后,方可进入下一道工序。

监理单位应当将危险性较大的分部分项工程列入监理规划和监理实施细则,应当针对工程特点、周边环境和施工工艺等,制定安全监理工作流程、方法和措施。

监理单位应当对专项方案实施情况进行现场监理;对不按专项方案实施的,应当责令整改,施工单位拒不整改的,应当及时向建设单位报告。建设单位接到监理单位报告后,应当立即责令施工单位停工整改;施工单位仍不停工整改的,建设单位应当及时向住房城乡建设主管部门报告。

四、危险性较大的分部分项工程安全专项施工方案管理

对于超过一定规模的危险性较大的分部分项工程专项施工方案，应在总承包单位审核审批后组织召开专家论证会，专项方案应按照专家论证报告的要求修改完善，并经项目总监及建设单位相关负责人签字审批。

第三节　科技进步与创新管理

对企业来说，科技进步与技术创新是具有战略意义的。而项目科技创新工作主要是应用新知识、新技术、新工艺，提高工程施工的技术含量和工程产品质量。

科技创新目标：实现全方位创新；积极推进新技术、新工艺、新设备、新材料的运用，根据专项技术研究及应用成果争创各级科技进步奖。

科技创新范围：

(1)降低能源、用工、原材料以及低值易耗品的消耗，厉行节约，降低成本。

(2)施工工艺的改进，生产效率的提高，工程质量的改善。

(3)生产中急需解决的技术难题。

(4)适用于工程施工的新技术、新材料、新工艺、新设备。

(5)施工设备和机具的改造。

(6)管理方式和方法的改进。

科技创新成果：主要包括科技进步奖、专利发明、施工工法、质量控制(QC)成果、“四新”技术应用等。

施工企业的科技进步与创新管理，即依托新技术对工程项目进行的科技活动，建立、健全施工企业科技创新体系和保障制度，加强科技创新管理，在工程开工时进行科技策划，施工中进行课题研究跟踪，竣工形成科技成果，为其他建设项目科技创新管理提供借鉴。

科技创新工作贯穿于建筑施工的全过程，只有强化管理，动员广大技术人员立足工程项目，积极投身于科技创新活动，突破工程中的关键技术难题，加强科技成果的推广应用，才能切实增加企业技术创新和自我发展的能力，使科技成果转化为生产力，取得更好的社会和经济效益。

1. 科技进步与创新管理对于施工项目的重要性

科技进步与创新不仅仅是为了维护企业的资质，也不仅仅是为了增加企业的核心竞争力。相对于工程项目本身而言，应用“四新”技术直接或间接提高了项目的工程质量与工作质量；能够更好履约合同的要求；为工程项目申报省部级奖项打造了亮点。

无论科技成果是否达到所建立的目标，都打开了参与科技活动工作者的创新思维，减少了以往施工过程中照搬图纸等现象；通过大量的实践，积累了相关经验，为以后技术含量更

高的工程项目进行科技活动提供了可参考的依据;更重要的是,通过科技活动组建了一批具有创新思维模式的管理团队与施工队伍。

2. 建立健全科技创新体系,完善科技创新管理制度

(1)管理机构设置。

成立以项目经理为第一责任人,总工程师为直接负责人,技术部门、现场管理部门、经营合同部门及相关部室组成的科技创新管理体系架构。明确各自责任与权限,明确技术部门为科技进步与创新的综合管理部门。

(2)制度建设。

编制"科技进步与创新管理的奖惩办法",以奖为主;明确科技成果奖项设置,以及国家、省、市、集团等各级成果奖励办法;实行科技项目负责人制度,对完成的科技项目积极组织鉴定、验收和成果申报;对在科技工作中表现突出的先进单位和个人进行表彰和奖励。通过制度建设,使科技管理进一步规范化、制度化、实效化。

编制"科技进步与创新管理办法",注重加强项目科技活动动态管理,定期对项目实施情况进行检查考核。日常管理中,做到立项(评审)、实施、验收、成果评审四规范。注重新技术的运用实效,注重研究方向的可控性。对偏离目标的科技进步与创新应结合自身项目特点进行调整。管理办法还应包括(不限于):科技创新费用使用情况汇报制度,与高校科研机构的合作机制、人才培养与引进机制等相关内容。

3. 施工过程中科技进步与创新管理

(1)确定科技创新目标、范围、成果及主要研究方向。

解读国家有关科技进步与创新管理的政策,根据《建设部建筑业新技术应用示范工程管理办法》《工程建设工法管理办法》(建质〔2005〕145 号),依托母体单位(项目施工承建法人单位)科技创新管理相关规定、建设单位(合同)要求、设计意图(图纸)建立本工程项目科技创新目标,确认科技创新范围、成果及主要研究方向。

(2)科技创新项目的多级、多层次评审。

总工程师应组织班子成员、技术部门、现场管理部部门及相关部门,对已建立的目标、确认的范围及需要上报的研究方向进行可实施性、经济合理性等评审,或通过组织专家进行评审。

根据工程总承包企业相关要求,准备汇报课题研究方向等相关情况。工程总承包企业应统一合理安排课题研究等新技术的应用。

通过多级、多层次评审,避免低水平的重复研究、重复立项、重复开发,加强对科技开发项目的责任合同制管理,明确人员职责和权限,加强对科技开发项目的指导和全过程管理,确保科技开发课题高水平、高效益。

(3)过程管理。

对列入计划的项目实施全过程管理,总工程师应履行相关职责,组织相关人员对课题进展情况进行定期(根据列入计划情况按照周、月、季度、年)与不定期检查,并召开例会通报情

况或者安排专题讲座;项目课题难点、重点可组织专家进行阶段审查,实施过程中对试验数据、试验报告、关键部位影像资料等进行记录和收集,同时还应注意对技术应用情况进行定期监测。根据进展情况检查,对反馈意见进行适时调整与修改,并采取引进有关方面专业人才[例如建筑信息模型(BIM)技术人才]与主动培养有关方面人才相结合等措施,加强科技创新队伍的建设。

在过程管理过程中应注重科技创新环境建设(包含内部与外部环境),形成科技创新氛围,使其成为文化精神的一部分。应主动接收上级单位对科技创新工作的检查与督查,视情况采纳其检查督导意见或建议。

4. 科技创新总结

随着工程项目的竣(交)工,对已完成的科技课题,根据技术应用情况进行总结验收,编写技术研究报告。

报告应全面反映技术研究工作的全貌,阐明该技术的方案论证、技术特征、总体性能指标与国内外同类先进技术比较情况及研究内容的对比,技术的先进性、创新性、成熟性和科学性,已达到技术指标和成果推广应用情况等。应从能体现研究工作的科学性和严谨性,对每一阶段的研究过程、研究内容采用定量和定性相结合的方法阐述,叙述如何选择和确定该施工方法中的各项参数与研究方法。在试验研究过程中理论上的新发现及应用技术发明与创新、改进与提高等新颖性和创新性内容,应有对比研究和对比分析;研究结果应与国内外同类研究的主要结果进行综合比较,加以归纳说明,并附上必要的对比研究和对比分析图表。同时对关键技术与技术创新点进行总结,阐明推广应用情况。

技术研究报告编写完成后,要进行成果鉴定,除按相关格式进行完善外,还需提供技术查新报告,成果应用单位出具成果应用情况证明及经济效益证明。评审时采用演示文稿或录像片的形式对技术应用情况进行介绍,对专家提出的问题进行解答。在经过评审委员会评审后,形成评审意见。

5. 科技创新成果申报

依据国家和行业规定、工程项目性质等,进行科技创新成果申报。

第四节　设计管理

工程设计是按照合同规定,遵照国家政策和法规,吸收国内外先进的科学技术成果和生产实践经验,选择最优建设方案进行工程设计,为工程项目提供建设依据的设计文件和图纸,并为项目建设提供施工安装、试运行服务的整个活动过程。工程设计成果的质量与建设项目投资、工程质量、技术水平、产品质量、生产成本等,都有着极为密切的关系,直接影响建设项目投产后的经济效益、环境效益和社会效益,工程设计是工程建设的灵魂,必须予以高度重视。工程总承包项目质量、进度、成本等控制必须从设计开始。总承包项目设计管理按照项目公司技术管理体系文件实施。

国内外工程界普遍认为，设计是工程的重中之重，引导并直接影响采购、施工、试运行等环节的运作。设计质量的优劣将直接关系到工程的总体质量和效益，设计的紧凑与否也将直接决定资源的配置情况和利用效率；另外，根据工程进展情况进行设计优化也对工程质量的提高、进度的缩短以及投资的降低等产生重大的影响。因此，总承包商应对设计工作做重点的管理和审查。

在项目的初期编制设计计划；在实施阶段编制设计实施计划，确定设计协调、评审、变更程序，组织设计技术供应，做好设计控制工作，满足采购、施工、试运行及收尾阶段的需要。

一、总承包部对设计管理的主要内容

设计质量和费用控制：设计方案优化、审核设计方案可实施性、施工图设计、审核施工图质量、审批设备材料清单。

设计进度控制：设计的动态调整与优化、督促设计的进度、协调设计与施工的关系。

1. 设计质量控制

在设计质量控制方面，主要审查设计文件是否使工程实现预期的效能，设计中采用的材料、工艺等是否先进等问题，及时解决建设单位、分包商等提出的设计质量问题。在设计进度控制方面要督促设计人员按期完成设计任务，以免相互影响而延误设计进度。在设计投资控制方面，控制概预算指标，推行投资限额设计，杜绝单纯的技术设计以及不合理的设计变更。

在开工前，设计部要根据工程的相关资料、工程规范和标准及建设单位的要求，拟制初步设计图。总承包部要审核设计方案的可实施性、施工详图的设计质量，根据工程进度计划与设计部签订相关计划，并督促设计部按计划提供设计文件。

项目开始实施之后，总承包部根据现场实际情况，按现场反馈回来的资料，需要及时对事先未预料到的事件进行研讨、提出合理化建议、进行必要的设计调整和优化。

2. 设计质量管理

首先，设计应按照国家以及相关部门的质量体系要求，严格遵照相关程序文件执行，设计成果应满足阶段设计深度的要求，严格履行校审程序；应遵守国家和地方有关法律法规，严格按照国家或行业现行规程、规范和技术标准开展勘测设计工作，切实贯彻投资方的意图，使工程设计符合安全适用、经济合理、技术先进等要求。

其次，设计质量管理应坚持“严格过程控制，确保最终质量”的原则，通过设计联络会、专题评审会、技术咨询会、设计交底等方式，对勘测设计全过程进行监控，重点监控设计方案的可行性与经济性。对于重大技术问题，由专家进行技术咨询、鉴定，解决技术难题。

再次，总承包部在设计过程中须定期或不定期对设计质量进行检查，检查的主要内容有：设计质量保证体系是否健全，各类管理制度是否完善；设计采用的规程、规范、技术标准是否有效，是否满足有关强制性文件要求；设计文件（设计图纸、设计报告、设计技术要求、设计通知单等)的合理性、正确性、可实施性、经济性;设计图纸是否会签完整,表述清楚,各专业之间是否协调一致;设计文件涉及的工程量是否完整、准确;有无因设计文件错误引起的重大设计变更;有无因设计文件错误引起的一般设计变更;有无因设计考虑不周或制图错误引起的设计修改;设计图纸是否因质量问题出现返工等;是否建立完整、准确的设计工程量台账等。

最终,认真落实各种评审、咨询意见。因设计图纸矛盾、遗漏、错误、明显设计缺陷等导致设备重复采购、工程返工,带来经济损失或工期延误时,确定事故责任等级,进行相应处罚。

3. 设计进度管理

设计部门确定每年度总体设计工作计划(含供图计划),明确勘测设计工作总体进度目标。并且根据工程建设实施的实际情况,要对年度总体设计工作计划(含供图计划)和勘测设计工作总体进度目标进行适时调整,以保证按供图计划提供合格的设计文件。

设计部门负责人根据项目总体进度目标、施工进度计划,向总承包部的工程现场部门提交"年度设计工作计划",内容涵盖年度勘测、设计、科研试验、技术咨询和技术评审等工作计划,经会审同意后,按规定程序下达,并作为考核设计进度的依据。设计部门根据年度供图计划提供施工图纸,有特殊工艺技术要求或特殊材料要求的,应提前提供施工图纸或技术要求。

总承包部定期或不定期对设计工作计划的执行情况进行检查,检查的主要内容有:是否按年度设计工作计划和年度供图协议提交设计文件和施工图纸;招标设计文件和施工图纸供应是否满足工程招标计划和现场施工进度的要求;设计联络会、技术专题会、咨询会、协调会、监理例会等会议提出的需要设计部门落实或解决的要求、问题是否按商定的日期落实或解决等。

根据检查结果,若存在设计进度滞后或因设计原因严重影响现场施工进度的情况,设计部门应书面说明滞后原因,并提出应对措施,明确滞后项目的完成时间。

4. 设计变更及优化

设计变更在项目中是难免的,在工程建设过程中存在着很多不确定因素。对于 EPC 总承包工程来说,由于设计、采购、施工都在总承包商统一管理下,打破了传统设计与施工间的屏障,使得设计与施工能更好地联系和协调。对施工现场状况的准确、及时把握,可以使总承包商在设计变更和优化上做出及时的响应,与传统的设计与施工分开进行的工程项目相比,减少了很多中间环节,节省了时间与资源,为设计变更提供了有利条件,这是总承包项目的一个突出特点。

设计工作往往要根据工程现场的实际情况进行设计变更和优化,变更的提出及处理应严格遵照工程总承包商制定的有关规定执行。在施工图设计阶段应尽量避免重大设计变更,应充分考虑工程投资效益;由设计部门提出重大设计变更申请报告,明确技术方案、图纸、工程量和资金测算;设计部门应在变更申请报告中充分论述变更的原因及必要性,工程量及资金测算应准确。

另外，设计变更往往带来投资、进度等方面的变化。设计变更如果增加了工程量，往往就会带来投资的增加，进度也会随之减慢；设计变更和优化有时也会简化工程结构、减少工程量，从而节省投资，加快施工进度。因此，设计变更或优化明显加快施工进度或带来明显经济效益时，总承包部依照效益的大小予以设计部门适当奖励，从这个角度来看，总承包项目中确定合适的“设计变更和优化奖励”可极大促使设计部门对工程设计进行优化。

二、设计管理主要流程

一个工程项目在从询价、报价、谈判到签订总承包合同的过程中，往往会发生在工程建设条件、设计范围和工作内容以及基础数据等方面的变更。因此在项目初始阶段，项目设计经理首先要组织项目设计组的专业负责人员认真研究和熟悉合同文件中与设计工作有关的内容，如工程承包范围、设计工作任务、工程项目建设的基础资料和设计数据、采用的标准规范、工程进度、考核验收以及违约责任等。

项目设计协调程序是项目协调程序的一个组成部分，是指在合同文件的基础上进一步明确项目公司与建设单位在设计工作方面的关系、联络方式和报告制度等。设计经理在研究、熟悉合同文件的基础上编制项目设计协调程序，在项目经理授权范围内与建设单位联系沟通，参加与建设单位协调会议，确定项目设计协调程序。项目设计协调程序得到建设单位确认后，作为项目设计操作依据。

第五节　变 更 管 理

一、设计变更管理

设计变更是工程施工过程中保证设计和施工质量，完善工程设计，纠正设计错误以及满足现场条件变化而进行的设计修改工作。一般包括由原设计单位出具的设计变更通知单和由施工单位征得由原设计单位同意的设计变更联络单两种。

变更文件一般由正式的变更令和变更令附件构成。变更令通常包括以下内容：

(1)变更令编号和签发变更令的日期。

(2)项目名称和合同号。

(3)产生变更的原因和详细的变更内容说明。

(4)变更所涉及的工程设计、项目实施计划、合同等的调整；还可能包括要求调整费用估算，重新安排活动的顺序，提出新的资源要求，以及重新制定风险应对办法等。

(5)费用调整问题。

(6)项目各参建单位，如投资者、建设单位、项目经理、承包商或用户等授权代表签字。

(7)变更令附件，一般包括变更设计的工程量表、设计资料和其他有关文件。

二、工程项目变更的种类

项目的变更种类繁多，从工程项目系统的角度，按其内容的重要性、技术复杂程度、涉及的工程量、工程投资以及对工程进度的影响，分为Ⅰ、Ⅱ、Ⅲ类。

1. Ⅰ类设计变更

Ⅰ类设计变更为重大设计变更，是指一次性变更增减的工程投资超过300万元或对其他专业和工期有较大影响的设计变更；或由于超出初步设计审批范围的重大技术方案改变、设计“超规超限”等引起的设计变更。

2. Ⅱ类设计变更

Ⅱ类设计变更为重要设计变更，是指一次性变更增减的工程投资在100万元以上，不超过300万元的设计变更，对其他专业和工期有一定影响。

3. Ⅲ类设计变更

Ⅲ类设计变更为一般性设计变更，是指一次性变更增减的工程投资不超过100万元，并对其他专业和工期的影响不大的设计变更。

三、设计变更的变更程序、组织和管理

设计变更是一个复杂的决策过程，会带来许多问题，所以变更管理应有一个规范化的程序，且应有一整套申请、审查、批准、通知（指令）等手续。设计变更的决策应避免个人决断的随意性，重大的变更决策必须通过决策会议。

1. 设计变更的控制程序

（1）Ⅰ类设计变更的控制。

重大设计变更，无论何方均应以书面形式提出，由建设单位组织进行专题研究，必要时邀请有关专家参加，分析变更内容对工程的影响，提出设计变更方案及相应措施，经设计单位、设计监理单位审核同意，交建设单位的相关部室和工程签证领导小组确认后，交由施工监理单位审核后下发承包人实施。

（2）Ⅱ、Ⅲ类设计变更的控制。

①建设单位要求或外部条件变化引起的设计变更。

建设单位提出的设计变更，由建设单位向设计单位、设计监理单位提出书面要求，经设计单位、设计监理单位论证并变更设计后，交付建设单位确认，再交由施工监理单位审核后下发承包人实施。

②承包人、项目公司、施工监理单位要求的设计变更。

a. 承包人、项目公司、施工监理单位要求的设计变更，应提出书面申请，经建设单位交设计单位、设计监理单位，经设计单位、设计监理单位论证并变更设计后，交付建设单位确认，再交由施工监理单位审核后下发承包人实施。

b. 需要在现场处理的Ⅲ类设计变更，可采用现场工地会议的方式，由承包人、项目公司、

施工监理单位、设计单位、设计监理单位和建设单位的相关部室代表在工地会议纪要上会签后实施，并由设计单位、设计监理单位补发设计变更，建设单位的相关部室审批后备案。

c. 承包人、项目公司因受施工条件限制或为方便施工提出的设计变更申请，在不影响工程质量和不增加工程费用、不延误工期时，由承包人、项目公司、施工监理单位认可、报建设单位的相关部室审核后实施。

(3) 设计单位或设计监理单位要求的设计变更。

设计单位、设计监理单位要求的设计变更由设计单位、设计监理单位发出，若发生重大设计变更应由设计单位、设计监理单位组织进行专题研究，必要时邀请有关专家参加，分析变更内容对工程的影响，提出设计变更方案及相应措施并承担相应责任，由工程签证领导小组、建设单位确认，交由施工监理单位审核后下发承包人实施。

2. 变更设计的原则

变更设计应遵循"先申请、后变更，先批准、后施工"的原则。在设计文件审查、现场核对或在施工过程中发现设计上的"差、错、漏、碰"，与实际不符或与合同不符等问题，或有优化、改进的合理化建议时，要本着认真负责的态度，按合同约定主动与建设单位、设计单位、监理单位取得联系，进行变更。

首先，施工单位起草由建设单位统一格式的工作联系单，提出有关技术变更的实施措施和建议，项目经理审核签字盖章后上报总承包部；其次由总承包部总工程师审核签字加盖总承包部公章，再经监理单位、项目公司签字确认盖章由施工单位负责报送；最终经建设单位工程部、公配拆迁部、技术部、总工程师、经理审核签字确认盖章，各单位签认完毕，工作联系单报送至设计单位，经设计单位审核确认出具具体的设计变更(补充设计)通知单。

3. 设计变更下发时间影响

变更决策时间过长和变更程序太慢会造成很大的损失，常有这两种现象：

(1) 现场施工停止，承包商等待变更指令会变更会谈决议，造成拖延。

(2) 变更指令不能迅速作出，而现场继续施工，造成更大的返工损失。

此期间各单位之间、部门之间的及时沟通交流最为重要，在掌握工程进度的情况下，处理变更的时间会大大缩减。所以，变更发放时间要及时、准确、有效，保证工程进度和质量需求。尽量避免重复变更，造成延误工期或返工。

4. 设计变更控制中应注意的事项

(1) Ⅰ类设计变更是指：由承包人、项目公司进行估算，经监理造价工程师审核、总监理工程师签署意见、建设单位审核，单项工程投资超过 300 万元。Ⅱ类设计变更是指：由承包人、项目公司进行估算，经监理造价工程师审核、总监理工程师签署意见、建设单位审核，单项工程投资在 100 万元以上，不超过 300 万元。Ⅲ类设计变更是指：由承包人、项目公司进行估算，经监理造价工程师审核、总监理工程师签署意见、建设单位审核，工程投资不超过 100 万元。

(2)设计单位或设计监理单位要求的设计变更，引起的工程投资的增减，由设计单位进行估算,经设计监理单位审核。

(3)单项设计变更计量工作:单项工程投资超过300万元的由工程签证领导小组同时到现场计量;300万元以下的由建设单位、市财政局同时到现场计量。现场同时计量的结果均由承包人、项目公司进行申报,经监理造价工程师审核、总监理工程师签署意见、建设单位审核,形成完整成果后由工程签证领导小组确认。

(4)所有的设计变更(含补充设计)应填写工作联系单,由建设单位的相关部室根据工程实际情况,在工作联系单上提出明确意见并签字确认。设计单位依据相关部室确认的工作联系单变更设计;若没有建设单位的相关部室确认的工作联系单,设计单位不得变更设计。

(5)若因规划调整或政府相关会议精神引起的设计变更,由建设单位上报市发改委、市财政局、市审计局备案后,以书面形式通知设计单位,设计单位可依据书面文件变更设计。

(6)所有涉及设计变更的申请各单位均需加盖单位公章,责任人(各单位工程师代表)签字,并经建设单位的相关部室审核盖章后方可提交建设单位的技术部,凡手续不全的不得列入工程预(结)算。

(7)设计单位、设计监理单位应及时将设计变更文件、图纸报送建设单位的技术部,并按月向建设单位的技术部报送当月发生的设计变更清单,并分析设计变更对工程质量、进度和投资的影响。

(8)设计单位、设计监理单位对设计文件出现的遗漏或错误负责修改或补充。

四、施工阶段变更管理的规定

(1)为尽量减少施工期间的设计变更,施工图在送审前,项目建设单位应先组织有关专家和使用单位进行内审,提出修改意见由设计单位补充完善。

(2)设计变更应与工程进度同步,不得事后补图。若遇特殊情况,按有权部门协调会议纪要先行施工,但应及时补办设计变更手续。否则,该设计变更图为无效变更图(或变更通知),不予办理变更签证。

(3)工程变更必须说明变更原因,如工艺改变、功能要求、设备选型不当,设计者或建设单位考虑需提高或降低标准、设计漏项或其他原因。

(4)变更内容涉及施工合同中有明确规定的或是在招投标时已做出承诺的,应按合同及相关承诺执行。

(5)施工单位因为施工组织不合理所造成的重复开挖或重复施工项目不予办理变更签证。

(6)施工单位必须合理安排场地布置,因为场地布置占用施工通道或建筑物用地所发生的搬迁工程量不予办理变更签证。

(7)施工单位在拿到专业的施工图纸后,必须进行图纸会审或有关技术交底。对以后难以处理的问题要认真核对,及早发现,并以图纸会审的形式提出。因为该部分的变更完全可以事前处理，所以对该部分的工程量不予办理变更签证。

(8)各专业施工队在编写施工组织设计时必须结合其他专业施工情况及施工工期，因为没有考虑其他专业的施工情况和工期而造成的工程延期和增加的工程量不予办理变更签证。

五、工程变更的实施监督

(1)确认变更是否已全部实施，评价完成效果如何；严格按规范和合同要求进行工序验收。

(2)若原设计图已实施部分发生变更，则应标明已施工部位和完成情况、工程拆除情况等，做好工程变更施工过程中的现场资料收集工作，包括材料使用、设备配置、人员安排等。

(3)做好变更施工对工程质量、进度、安全及文明施工的跟踪和动态分析工作，以减少变更费用。

六、工程变更资料的管理

(1)为加强施工图纸管理和办理竣工结算，建设单位施工图发放管理部门的责任人和现场代表应按单位工程认真建立施工图设计变更台账。

(2)建设单位施工图发放管理部门要及时给经营管理部门发放工程设计变更资料。经营管理部门应按单位工程认真建立施工图设计变更台账。

(3)监理单位在签发工程设计变更资料的同时要建立施工图设计变更台账，并及时下发给经营管理部门。

(4)施工单位技术部资料员在接收工程设计变更资料的同时要做好变更资料的收集、整理、登记，建立施工图设计变更台账，并把工程设计变更标在竣工图上，工程设计变更资料和竣工图均作交工资料存档。

另外，产生的记录：工作联系单、四方会议纪要、变更审批单和变更设计汇总表，由总承包部资料员整理，归档，作为结算时依据。

设计变更图(或变更通知)应由项目建设单位的职能部门发给监理人和承包人。未经项目建设单位同意确认的设计变更(或变更通知)，不能作为施工、办理竣工资料和办理结算的依据。

第七章　项目采购管理

第一节　采购工作原则及程序

工程项目采购管理由采购部门负责,并适时组建项目采购组。在项目实施过程中,采购部门负责人应接受项目经理和企业采购管理部门负责人的双重领导。

采购工作应遵循公平、公开、公正的原则,选定供货厂商。保证按项目要求的质量、数量和时间采购,以合理的价格和可靠的供货来源,获得所需的设备、材料及有关服务。

工程总承包企业应对所有供货厂商进行资格预审,企业应建立合格供货厂商名单制度。

项目总承包部门负责采购范围:所有用于工程中构成永久性工程实体的材料、设备由集团公司负责统一招标,如钢材、水泥、矿粉、粉煤灰、钢绞线、锚具、波纹管、桥梁支座、桥梁伸缩装置、沥青、防水材料、玻纤格栅等,总承包部协助招标。地方材料由项目经理部负责招标,如砂石集料、竹胶板、木材、脚手架、生石灰等材料,招标后在总承包部的指导下由项目经理部与供应商签订供货合同并负责采购管理。

编制项目采购计划和项目采购进度计划,具体程序如下。

(1)采购:进行供货厂商资格预审,确认合格供货厂商,编制项目供货厂商名单;编制招标文件;组织招标及招标评审、定标,签订采购合同。

(2)催交:在办公室和现场对所订购的设备、材料及其图纸、资料进行催交。

(3)检验:合同约定的检验以及其他特殊检验。

(4)运输与交付:合同约定的包装、运输和交付。

(5)现场服务管理:采购技术服务、供货质量问题的处理、供货厂商专家服务的联络和协调等。

(6)仓库管理:开箱检验、仓储管理、出入库管理等。

(7)采购结束:订单关闭、文件归档、剩余材料处理、供货厂商评定、采购完工报告编制以及项目采购工作总结等。

项目采购部门可根据采购工作的需要对采购工作程序及其内容进行适当调整,但应符合项目合同要求。

第二节　采 购 计 划

市政桥梁工程材料的性能在很大程度上决定了其功能发挥。正确选择和使用各种工程材料,对整个桥梁工程的安全、实用、美观、耐久性及造价都具有非常重要的意义。

工程材料是保证建筑工程质量的重要前提,直接关系到建筑工程造价的高低,是促进建筑技术现代化发展的基础。建筑企业内部核算时,将工程材料按照其在施工生产中的作用分为主要材料、结构件、机械配件、周转材料、低值易耗品材料和其他材料。

为保证工程顺利实施进行,按照施工进度计划编制材料需用计划。其可分为年度材料计划、季度材料计划、月度材料计划、一次性用料计划及临时追加材料计划。编制材料计划要坚持综合平衡、实事求是、留有余地以及严肃性、灵活性、统一性等原则。物资部门根据审批过的需求计划,科学、准确、详细、及时编制采购计划,以保证材料计划的准确性和及时性。

大型市政桥梁工程材料的使用具有阶段性、集中性特点,供应量大且月度供应集中,供货周期紧张,质量和验收标准严格,对供应商的综合实力和履约能力有较高要求。所以要根据施工进度计划去编制周密详尽的采购计划,分批分阶段组织采购,高度防范市场价格调控风险,保障货源及时供应。

第三节 物资设备采购

一、项目采购市场调查

市场调查是各种调查研究活动的一种,是指个人或组织为某个特定的市场采用科学的方法和程序,对所需要收集的市场信息进行收集,整理、汇总,并根据取得的市场信息提出必要分析结论的全部活动和过程。其作用在于帮助企业了解掌握市场的现状和趋势,增强企业在市场经济大潮中的应变能力和竞争能力,从而有效促进经营管理水平的提高。

1.项目前期物资市场调查所属类别

市场调查可以从不同角度进行分类。按其所涉及内容含量的多少,可以分为综合性市场调查和专题性市场调查;按调查对象的不同,可分为市场供求情况的市场调查、产品情况的市场调查、消费者情况的市场调查、销售情况的市场调查,以及有关市场竞争情况的市场调查;按表述手法的不同,可分为陈述型市场调查和分析型市场调查。与普通调查相比,市场调查无论从材料的形成还是结构布局方面都存在着明显的共性特征,但它比普通调查在内容上更为集中,也更具有专门性。施工企业项目前期物资市场调查是一种关于市场供求关系分析型的专题市场调查。

2.施工企业项目前期物资市场调查的内容

项目前期物资市场调查主要以项目所需材料、运输设备、运输沿线道路进行了解和资料收集,重点对施工所用主要材料,如钢材、水泥、粉煤灰、矿粉、桥梁支座、钢绞线、锚具、波纹管、伸缩装置、沥青、混凝土、碎石、河砂、木材等质量、价格及供应能力等调查,以及影响价格的客观和主观因素动态掌握和信息的采集。

3.施工企业前期物资市场调查的目的

市场调查的目的就是了解物资市场现状和发展趋势,为项目物资成本分析、估算报价和生产经营提供参考。市政桥梁BT项目建设单位特别关心工程产品质量,同时也特别关心所使用工程材料的价格,这就形成了矛盾,建设单位即想要一个优质工程,又想要一个低成本工程。解决矛盾的办法就是前期工程材料调查,通过邀请建设单位、财政单位、审计单位、设计单位、监理单位共同对工程材料、产品质量、产品价格把关,为后期工程回购及价格认定提供第一手资料。

4. 物资市场调查的程序和步骤

(1)成立物资市场调查小组。

为使物资市场调查工作顺利开展,可根据实际需要成立相关市场调查组,明确分工和人员组成。可以按调查内容成立前期市场调查领导小组,同时成立专门市场调查工作组、资料收集分析组、后勤协调组等3个调查组。主要对地材的分布、储量、产量、运输、成本等方面进行调查。

(2)明确物资市场调查小组的工作内容。

调查小组的工作内容:调查和了解项目实施工程量所需物资的现有分布情况;主要物资生产厂家生产能力;物资价格的构成;主要物资市场供求关系,以及对价格的影响;办理相关证件需提交的资料、政府税费及收费情况;影响当地物资价格的各种因素等。

(3)初步调查。

根据各小组的分工,实地进行初步了解。首先可以寻找现有的一些合作伙伴进行了解,或用电话、传真等方式与当地政府各部门取得联系,了解相关情况,并根据了解的情况进行初次调查,走访周边市场、实地察看。

(4)制订调查实施计划。

确立调查方向和内容,对本项目物资供应和价格影响较大的,进行重点分析和重点调查,制订正式的调查计划,使调查有一个明确的方向。对调查的实施时限、工作要求、工作内容、调查经费预算等做出详细说明,并报调查领导小组审批实施。

(5)准备所需调查表格及调查设计。

根据调查的具体要求和目的,编制相应的调查表格。调查表格是否全面反映调查对象的实际情况,是调查工作成败的关键。调查表格及调查设计对调查结果有直接的影响,所以在物资市场调查中一定要重视调查表格及调查设计。

(6)实施调查和收集资料。

在调查中可以采用各种方法:实地察看、寻访、座谈、问卷、面谈、电话调查,以及邮寄、留置等。主要采用的是实地查看和寻访的方式。调查范围应与物资采购范围相一致,在实际调查中,要注意以下几个问题:

真实性。就是尊重客观事实,用事实说话。这一特点要求调研人员必须树立严谨的科学态度、认真求实的精神,准确收集数据和资料,严禁弄虚作假,虚报数字。只有严谨的科学态度,才能做出真实可信、对工作具有指导意义的调研结果。

针对性。一般来说工程项目前期物资市场调查工作是针对项目所需物资市场供应和价格一些较为迫切的实际情况的调查,解决我们在投标预算和资金投入、工程建设、项目经营中物资管理的问题。因此调查报告应明确所针对的问题,以及所获得的事实材料,分析问题的症结所在,提出具体可行的建议和对策。

典型性。是指调研所得到的事实材料要具有代表性,所揭示的问题要带有普遍性。

时效性。市场的信息千变万化,经营者的机遇也是稍纵即逝。市场调查滞后,就失去其存在意义。因此,要求调查行动要快,调查人员要对收集信息的时效给予明确,不要给决策者延误的信息。

科学性。市场调查不是单纯报告市场客观情况,还要通过对事实做分析研究,寻找市场发展变化规律。这就需要我们掌握科学的分析方法,以得出科学的结论,适用的经验、教训,以及解决问题的方法、意见等。在调查资料收集过程可以采用填写表格、记录、录音、复印、扫描、拍照和影像的方式,保证收集资料的真实性和准确性。

(7)调查整理和分析阶段。

实地调查结束后,即进入调查资料的整理和分析阶段。收集好已填写的调查表和各种资料后,由调查人员对调查资料进行逐份检查,剔除不合格的调查表,然后将合格调查表统一编号,以便于调查数据的统计。调查数据的统计可利用 Excel 电子表格软件完成。将调查数据输入计算机后,经 Excel 软件运行后,即可获得已列成表格的大量的统计数据,利用上述统计结果,就可以按照调查目的的要求,针对调查内容进行全面的分析工作。①选取与主题有关的材料,去掉无关的、关系不大的材料,使主题集中、鲜明、突出。②注意材料点与面的结合,材料不仅要支持调研报告中的某个观点,而且要相互照应,给全部观点以支持。③在现有材料中,要经过比较、鉴别、精选,选择最好的材料来支持调研者的观点。

(8)提交调查报告及补充调查。

撰写市场调查报告是市场调查的最后一步。调查数据经过统计分析之后,要将整个调查研究的成果用文字形式表现出来,使调查真正起到解决问题、服务于企业的作用,则需要撰写调查报告。调查报告必须包括以下内容:正文、资料的收集过程、结论及建议、必要的附件、表格及计算的过程等。

在对调查资料整理和分析过程中,会发现有些数据有遗漏,需要进行补充调查。调研材料所得出的结论,必须具有说服力,要把被调查的情况完整、系统地交代清楚,不能只摆出结论,不能疏漏事实过程和必要环节。但也不要求事无巨细,面面俱到,而要抓住事物的本质和主要方面,写出调研结论的推理过程。

根据预测所得的结论,建议有关部门采取相应措施,以便解决问题。论述部分主要包括基本情况部分和分析部分。在基本情况部分,对调查数据资料及背景做客观的介绍说明,提出问题。在分析部分,包括原因分析、利弊分析、预测分析。

5. 施工企业前期物资市场调查的总结

通过前期物资市场调查分析,透过数据现象分析数据之间隐含的关系,使我们对事物的认识能从感性认识上升到理性认识,更好地指导实践活动。市场调查报告比起调查资料来,更便于阅读和理解,它能把死数字变成活情况,起到透过现象看本质的作用,有利于生产者、经营者了解、掌握市场行情,为确定市场经营目标、为后期工程回购奠定基础。

二、项目采购招标管理

1. 项目实施集中招标采购对工程成本控制的意义

施工企业的销售和采购两个环节是决定经济效益来源之一,企业利润率的增长可以通过提高销售价格或降低采购成本来实现。对绝大多数企业而言,采购费用的略微降低将对企业的盈利产生重大影响,一般来讲,采购成本每降低1%,企业利润率将可以提高10%~30%,甚至更高。因此,如何运用有效的采购成本管理方法对企业来说至关重要。采购方式通常可以分为集中采购、分散采购、集中采购与分散采购相结合等。

采购成本控制最常用的方法是集中采购,以最大化地利用采购规模优势,降低采购成本,尤其针对经营控制型集团企业。集中采购是指集团或组织在采购商品时,进行统一集中的供应商管理与评估、采购价格管理、采购招投标管理,负责汇集分、子公司采购申请并进行调整汇总,形成集团采购计划,并进行货物的集中订购业务和集中结算业务,分、子公司根据需求采购申请,收货入库,反馈收货状况给集团公司总部。集中采购是集团采购管理的必然趋势,集中采购可以发挥规模效应,提高与卖方的谈判力度,获得低价进货的优势和更良好的服务;可以强化物资采购的集中管理,较容易统一实施采购方针,可统筹安排采购物料;可以精简人力,减少采购次数,提高工作的专业化程度;可以规范、协同、优化企业采购业务处理流程,提高采购工作效率,有利于提高绩效;可以加强供应商管理,以实时采集供应商的历史交易记录,建立实用、先进的模型,对供应商从质量、价格、交货期、服务、可持续的改进等多个方面进行科学评估;可综合利用各种信息,形成信息优势,掌握市场价格、企业库存等信息,以利于加强采购价格管理。为实现集团采购业务集中管控的业务需求,集中采购包括以下几种典型模式的应用:集中定价、分开采购;集中订货、分开收货付款;集中订货、分开收货、集中付款;集中采购后调拨等运作模式。采用哪种模式,取决于集团对下属公司的股权控制、税收、物料特性、进出口业绩统计等因素,一个集团内可能同时存在几种集中采购模式。

2. 项目集中招标采购管理制度

总承包部根据集团公司战略发展部署,强化顶层设计,完善体制机制,设立了总承包部物资设备部,归口管理工程的设备物资集中采购管理工作,制定并出台集中采购招标管理制度,贯彻执行集团公司"统一领导、两级集中"原则,以及"全覆盖、深管控、大联动"的管理思路。按照集团公司的设备物资集中采购管理办法和集中采购实施细则,钢筋、水泥、聚羧酸盐减水剂、钢绞线、桥梁支座、锚具等材料,由集团公司设备物资采购中心按照采购权限负责集中招标采购;粉煤灰、矿粉、波纹管、纤维稳定剂、玻璃纤维布、塑料排水板等材料,由子企业总部按照采购权限负责集中招标采购;墩身承台异型钢模板、桥梁竹胶板、木材、脚手架等周转材料以及油料、临时设施等,由项目经理部负责上报母体公司进行集中招标采购工作。

集中采购招标工作采用统招、分签、分付的原则，由总承包部负责监督管理，总承包部下属各项目经理部负责合同签订、执行、付款等工作。

3. 项目招标采购目的

项目招标采购是在众多的物资供应商中选择最佳物资供应商的有效方法，体现了公开、公平、公正的原则。通过招标程序，招标项目可以最大限度地吸引和扩大投标方之间的竞争，从而使招标方有可能以更低的价格采购到所需要的物资和服务，更充分获得市场利益。

4. 项目招标采购原则

项目招标采购应当遵循公开、公平、公正和诚实信用的原则，即招标投标活动应遵循的基本原则——“三公”原则。

(1)公开原则。公开原则就是要求项目招标应具有很高的透明度，体现在招标信息、招标程序公开及发布招标通告、公开开标、公开中标结果等方面，使每一个投标人获得同等的信息，知悉招标的一切条件和要求。

(2)公平原则。公平原则就是要求给予所有投标人平等的机会，使其享有同等的权利并履行相应的义务，不歧视任何一方。

(3)公正原则。公正原则是指招标人或招标代理机构在招标过程中，严格按照法律、法规和规章以及招标主体的规定公正对待所有投标人，评委在评标时应按事先规定和公布的评标标准公正对待所有投标人，招标人严格按照事先制定的定标原则择优确定中标人。

5. 项目招标采购分类

《中华人民共和国招标投标法》要求在公开、公平、公正和诚实信用原则的基础上，将项目招标投标活动完全置于公开透明的环境中，《中华人民共和国招标投标法》第十条对招标投标的方式做了调整，将原有的公开招标、邀请招标和议标三种方式限定为公开招标和邀请招标两种方式。

(1)公开招标。

项目公开招标采购方式是指招标人以招标公告的方式邀请不特定的法人或者其他组织投标，依法必须进行招标的项目的招标公告，应当通过国家指定的报刊、信息网络或者其他媒介发布。

这种方式可为所有有能力的材料供应商提供一个平等竞争的机会，单位有较大的选择余地来挑选一个比较理想的材料供应商，有利于降低工程造价，保证货物供应，但由于参与竞争的材料供应商可能很多，资格预审和评标的工作量较大。

(2)邀请招标。

邀请招标是指招标人以投标邀请书的方式邀请特定的法人或者其他组织投标，招标人采用邀请招标方式的，应当向三个以上具备承担招标项目的能力、资信良好的特定的法人或者其他组织发出投标邀请书。

投标邀请书与招标公告一样，是向法人或其他组织发出的关于招标事宜的初步基本文件。为了提高效率和透明度，投标邀请书必须载明必要的招标信息，使材料供应商能够确定所招标的条件是否为他们所接受,并了解参与投标的程序。投标邀请书应包括招标人的名称和地址,招标项目的性质、数量、实施地点和时间以及获取招标文件的办法等基本内容。招标人根据需要还可以增补认为适宜的其他资料,例如招标人对招标文件收取的任何收费,支付招标费用的货币和方式,招标文件所用的语言,希望或要求供应货物的时间或工程竣工的时间或提供服务的时间表等。

由于不需要发布招标通告,不需要资格预审或简化了资格预审工作,因此节省了费用和时间,提高了效率;另外,由于对材料供应商比较了解,减少了材料供应商违约所带来的风险。邀请招标的缺点是竞争性较差,有可能排除好的材料供应商,而且可能提高报价。

采用邀请招标的关键是要对市场供给情况以及材料供应商的情况比较了解。在此基础上,要考虑项目的具体情况:①招标项目采用新技术或专业性很强,只能从有限范围的材料供应商中选择;②招标项目本身的价值低,合同金额不大,招标人只能通过限制投标人数来达到节约费用和提高效率的目的;③招标项目有其他例外的理由,如时间紧迫等。

6. 项目招标采购准备工作

项目采购招标涉及市政路桥企业能否选择到一个合格、胜任的材料供应商来完成既定的项目,能否对项目的投资、进度和质量进行有效控制,使项目能按时投产、顺利运行。因此,招标对于施工单位来说是进行项目管理的极为重要的一环。而做好招标工作最重要的即是编好招标文件。

(1)招标文件的准备。

项目采购招标文件是提供给投标者的投标依据。在招标文件中应准确无误地向投标者介绍项目有关内容的实施要求,包括项目基本情况、工期要求、工程及设备质量要求,以及工程实施过程中施工单位如何对项目的支付、质量和工期进行管理,对材料供应商实施工程的各类具体规定等。

招标文件是施工单位拟定的项目采购的蓝图,如何理解和掌握招标文件的内容,是能否成功投标、签订合同以及顺利实施项目的关键。

在招标文件中,既要体现施工单位对项目的技术和经济要求,又要体现施工单位对项目实施管理的要求,编制一份完善的招标文件也是一件高水平咨询工作的体现。物资采购部门必须全面而深入地理解和掌握招标文件的内容,因为据之签订的合同中将详细而具体规定采购部门的职责和权限,是采购部门进行合同管理的最重要文件。

(2)项目的分包。

项目的分包指的是施工单位将准备招标的材料分成几个包进行招标,可以由材料供应商分别中标,也可由一家材料供应商全部中标。

项目采购招标的分包原则是要有利于吸引更多的投标者参与投标,以发挥各个材料供应商的专长,降低材料成本,缓解资金压力,保证质量,加快工程进度。

分包时考虑的主要因素有:

材料供应特点。如果材料供应不集中、供应量不大、技术上不太复杂,由一家材料供应商供应比较容易管理，一般不分包件。因工程工期紧，材料供应量大且集中，或有特殊技术要求，则应考虑分包。这样既可以缓解施工单位资金压力，也减轻了材料供应商垫资压力，可以更快更好、保质保量进行材料供应。

对工程成本的影响。一般来说，一种材料由一家材料供应商供应，不但干扰小，便于管理，而且由于量大，因而可望得到较低的报价。如果是一个大型复杂的项目，材料供应量大且集中，施工工期紧、任务重，则对材料供应商的供货能力、供货质量、运输能力等有很高的要求。在这种情况下，如不分包就可能使有资格参加此项工程投标的材料供应商数量大大减少，竞争对手减少必然导致报价上涨，反而得不到比较合理的报价。

项目采购招标的分包是正式编制招标文件前一项很重要的工作。项目采购部门必须对上述原则及因素综合考虑，有时可拟定几个方案，综合比较确定。

7. 项目招标采购的一般流程

招标采购是一个复杂的系统工程，它涉及诸多方面的多个环节。一个完整的招标采购过程，基本可以分为以下六个阶段：

(1)策划。

招标活动是一项涉及范围很广的大型活动。因此，开展一次招标活动，需要进行认真的周密策划。招标策划主要应当做好以下的工作：

①明确招标的内容和目标，对招标采购的必要性和可行性进行充分的研究和探讨。

②对照表述的标底进行仔细研究。

③对招标的方案、操作步骤、时间进度等进行研究决定。

④对评标方法和评标小组进行讨论研究。

⑤把以上讨论形成的方案计划形成文件，交由招标领导小组讨论决定，取得招标领导小组决策层的同意和支持。

不具备招标能力的单位应该邀请招标代理公司代理进行策划。

(2)招标。

在招标方案得到招标领导小组的同意和支持以后，就要进入实际操作阶段。招标阶段的工作主要有以下几部分：

①形成招标书。招标文件是招标活动的核心文件，要认真起草。

②对招标文件的标底进行仔细研究确定。

③招标书获取。按照招标公告或投标邀请书规定的方式让潜在投标人获取招标文件。

(3)投标。

投标人应当按照招标文件的要求编制投标文件，投标文件应当对招标文件提出的实质性要求和条件作出响应，投标书、投标报价需要投标人经过特别认真地研究、详细论证完成。这些内容是要和许多供应商竞争评比的，既要先进，又要合理，还要有合理利润。

投标文件要在规定的时间内准备好，一份正本、若干份副本，并且分别封装签章，信封上分别注明“正本”“副本”字样，邮寄到招标单位。

(4)开标。

开标应按招标通告中规定的时间、地点公开进行,并邀请投标商或其委派的代表参加。开标前,应以公开的方式检查投标文件的密封情况,当众宣读供应商名称、有无撤标情况、提交投标保证金的方式是否符合要求、投标项目的主要内容、投标价格及其他有价值的内容。

开标要做开标记录,其内容包括项目名称、招标编号、刊登招标通告的日期、发售招标文件的日期、购买招标文件单位的名称、投标商的名称及报价、截标后收到标书的处理情况等。

(5)评标。

招标方收到投标书后,直到招标会开会时,不得事先开封。只有当招标会开始、投标人到达会场,才将投标书交投标人检查,签封完好,当面开封。

评标由招标人依法组建的评标委员会负责。评标委员会由招标人的代表和有关技术、经济等方面的专家组成,成员人数为5人以上单数,其中技术、经济等方面的专家不得少于成员总数的2/3。与投标人有利害关系的人不得进入相关项目的评标委员会,已经进入的应当更换。评标委员会成员名单在中标结果确定前应当保密。招标人应当采取必要的措施,保证评标是在严格保密的情况下进行的,任何单位和个人不得非法干预、影响评标的过程和结果。

评标委员会应当按照招标文件确定的评标标准和方法,对投标文件进行评审和比较。设有标底的,应当参考标底。评标委员会完成评标后,应当向招标人提出书面评标报告,并推荐合格的中标候选人。

评标委员会成员不得私下接触投标人,不得收受投标人的财物或者其他好处。评标委员会成员和参与评标的有关工作人员不得透露对投标文件的评审和比较、中标候选人的推荐情况以及与评标有关的其他情况。

(6)定标。

招标人根据评标委员会提出的书面评标报告和推荐的中标候选人确定中标人,招标人也可以授权评标委员会直接确定中标人。在确定中标者后,要通知中标方。

8. 项目招标采购的优越性

招标采购是最富有竞争性的一种采购方式,在建设工程材料采购、机电设备进口、成套设备采购等领域得到较广泛的应用。这种采购方式对于约束交易者行为、创造公平竞争的市场环境、保障国有资金有效使用等方面,起了积极的作用。因此,项目招标采购是在众多供应商中选择最佳供应商的有效方法。具有很多优越性:

(1)项目招标采购体现了公开、公正和公平。

项目招标采购的操作过程全部公开,接受公众的监督,防止暗箱操作,同时信息公开,也可以防止徇私舞弊、行贿受贿和腐败违法行为,维护公平和公正,保证整个活动的正常进行。通过集中采购招标严格规范的招投标程序,落实国家法律法规,将招投标活动的各个环节置于公开透明的环境,将廉政建设和企业、社会的监督机制相结合,从源头上预防和治理腐败,规范招投标市场,保证工程建设质量。

(2)项目招标采购体现了竞争。

招标活动是若干投标人的一个公开竞标的过程,是一场实力的大比拼。利用竞争机制,才能调动众人的积极性和智慧;才能造成一种力争上游的局面;才能使投标活动生气勃勃,提高投标的水平和质量。

(3)项目招标采购体现了优化。

由于投标竞争比较激烈,众多的投标者通过竞争最后只能有一个中标者,通过平等竞争,方案优越者才能取胜。所以,每个投标者必然会调动全部的智慧,竭尽全力制定和提供最优的方案参与竞争。所以可以说每个投标者提供的方案都是各自的最优方案。而评标小组又在这些方案的基础上,进一步分析比较选出最优的方案。

(4)保障了工程项目的履约进度和质量。

通过供应商的充分竞争,各子企业在交货时间、付款方式、质量保证、售后服务等方面都得到了更加优惠的条件,有力保障了国内外工程项目的履约进度和质量。

(5)有效防范了采购风险。

通过集中采购招标和对供应商进行年度评价,一批综合实力强,业绩突出,诚信守诺的供应商在竞争中脱颖而出,合同履约率达到100%,有效防范了采购风险。

第四节　催交与检验

采购部门应根据设备材料的重要性和一旦延期交付对项目总进度产生影响的程度,划分催交等级,确定催交方式和频度,制订催交计划并监督实施。

催交方式可包括三种:驻厂催交、办公室催交和会议催交。对关键设备材料应进行驻厂催交。

催交工作应包括以下内容:

(1)熟悉采购合同及附件。

(2)确定设备材料的催交等级,制订催交计划,明确主要检查内容和控制点。

(3)要求供货厂商按时提供制造进度计划。

(4)检查供货厂商、设备材料制造、供货及提交的图纸、资料是否符合采购合同要求。

(5)督促供货厂商按计划提交有效的图纸、资料,供设计审查和确认,并确保经确认的图纸、资料按时返回供货厂商。

(6)检查运输计划和货运文件的准备情况,催交合同约定的最终资料。

(7)按规定编制催交状态报告。

采购部门应根据采购合同的规定制订检验计划,组织具备相应资格的检验人员根据设计文件和标准规范的要求,进行设备材料制造过程中的检验,以及出厂前的检验。

总承包部对声屏障、桥梁支座、桥梁伸缩装置、灯具照明等关键材料和设备进行驻厂催交、监造、验收等工作。驻厂监造要由建设单位、监理单位、设计单位、施工单位一同派人实施,对产品的开发设计、装备水平、生产工艺、产品检测、实物质量、质保体系等全面考查。并制定驻厂监造实施细则,具体内容应包括以下内容:

(1)生产前检查:检查工厂的质量体系及执行情况,检查重要生产检验岗位人员的资质,检验仪器、设备的实际运行情况,检查原材料的入场检验记录及进厂后复验报告,检查并核对各岗位工艺卡。

(2)首批检验:按照工厂的正常生产,检验程序试生产产品,监督整个生产检验是否按照程序文件进行。

(3)生产期间监督检验:监督体系运行的有效性、抽查产品质量的符合性,及时发现并处理生产过程中的不正常情况,跟踪监督检查产品的尺寸、工艺质量是否有缺陷,对产品进行检验和试验。

(4)生产期间的周报、月报,应明确体现出生产检验进度及产品质量统计,以及生产检验中出现的问题,问题的处理结果等。

(5)完成生产后,工厂应提交完工文件,驻厂监造人员应检查提交的产品质量证明书、试验报告、原材料质量证明书及其他有关文件。

(6)总结报告:驻厂监造人员应将整个产品的生产状况、使用的原材料状况、生产工艺状况、生产中出现的问题及处理情况、产品发运情况、监督检验人员进行的各项抽查检验结果、产品生产检验重要岗位人员的资格证书状况、驻厂监造期间的一些往来传真、指示文件等进行总结。

对于有特殊要求的设备材料,应委托有相应资格和能力的单位进行第三方检验并签订检验合同。采购部门检验人员有权依据合同对第三方的检验工作实施监督和控制。当总承包合同有约定时,应安排建设单位参加相关的检验。

采购部门应根据设备材料的具体情况,确定其检验方式并在采购合同中规定。

检验人员应按规定编制检验报告。检验报告应包括以下内容:

(1)合同号、受检设备材料的名称、规格、数量。

(2)供货厂商的名称、检验场所、起止时间。

(3)各方参加人员。

(4)供货厂商使用的检验、测量和试验设备的控制状态并附有关记录。

(5)检验记录、检验结论。

第五节　运输与交付

采购部门应根据采购合同约定的交货条件,制定设备材料运输计划并实施。计划内容应包括运输前的准备工作、运输时间、运输方式、运输路线、人员安排和费用计划等。

采购部门应督促供货厂商按照采购合同约定进行包装和运输。

对超限和有特殊要求的设备的运输,采购部门应制定专项的运输方案,并委托专门的运输机构承担。

对国际运输,应按采购合同约定和国际惯例进行,做好办理报关、商检及保险等手续。

采购部门应落实接货条件,制定卸货方案,做好现场接货工作。

设备、材料运至指定地点后,应由接收人员对照送货单进行逐项清点,签收时应注明到货状态及其完整性,及时填写接收报告并归档。

第六节　采购变更管理

项目部应建立采购变更管理程序和规定。

采购部门接到项目经理批准的变更单后,应了解变更的范围和对采购的要求,预测相关费用和时间,制订变更实施计划并按计划实施。

变更单应填写以下主要内容:

(1)变更的内容。

(2)变更的理由及处理措施。

(3)变更的责任承担方。

(4)对项目进度和费用的影响。

第七节　仓 储 管 理

1. 仓库管理规则

(1)项目经理部应在施工现场设置仓库管理人员,负责仓库作业活动和仓库管理工作。

(2)设备材料正式入库前,应根据采购合同要求组织专门的开箱检验组进行开箱检验。开箱检验应有规定的相关责任方代表在场,填写检验记录,并经有关参检人员签字。进口设备材料的开箱检验必须严格执行国家有关法律、法规及其采购合同的约定。

(3)经开箱检验合格的设备材料,在资料、证明文件、检验记录齐全,具备规定的入库条件时,应提出入库申请,经仓库管理人员验收后,办理入库手续。

(4)仓库管理工作应包括物资保管、技术档案、单据、账目管理和仓库安全管理等。仓库管理应建立"物资动态明细台账",所有物资应注明货位、档案编号、标识码以便查找。仓库管理员要及时登记入账,经常核对,保证账物相符。

(5)应制定并执行物资发放制度,根据批准的领料申请单发放设备材料,办理物资出库交接手续,准确、及时地发放合格的物资。

2. 仓库收发料制度

(1)车站、码头、民航提货:提货时应根据运单及有关资料详细核对品名、规格、数量,注意外观检查(包装、封印完好情况,有无污染、受潮、水渍、油渍等异状),若有短缺损坏情况,应当场要求运输部门检查。凡属承运方面的责任,应做出商务记录;属于其他方面责任需要承运部门证明的,应做好普通记录,并请有关部门签字。当记录内容与实际情况相符后,方可提货。

(2)核对证件:入库物资在进行验收前,首先要将供货单位提供的质量证明或合格证、装箱单、磅码单、发货明细表等进行核对,看是否与合同相符。

(3)数量验收:数量检验要在物资入库时一次进行,应当采取与供货单位一致的计量方法进行验收,以实际检验的数量为实收数。

(4)质量检验:一般只作外观形状和外观质量检验的物资,可由保管员或验收员自行检查,验后做好记录。凡需要进行物理、化学试验以检查物资理化特性的,应由专门检验部门加以化验和技术测定,并做出详细鉴定记录。

(5)对验收中发现的问题,如证件不齐全,数量、规格不符,质量不合格,包装不符合要求等,应及时报有关业务部门,按有关法律、法规及时进行处理,保管员不得自作主张。

(6)物资经过验收合格后应及时办理入库手续,进行登记入账、建档工作,以便准确反映库存物资动态。在保管账上要列出金额,保管员能随时掌握储存物资的金额状况。

(7)核对出库凭证:保管员接到出库凭证后,应核对名称、规格、单价等是否准确,印鉴、单据是否齐全,有无涂改现象,检查无误后方可发料。

(8)备料复核:保管员按出库凭证所列的货物逐项进行备料,备好料后要进行复核,以防差错。为使物资出库时间不因复核而延长,复核工作应在出库过程中交替进行,在未交给提货人之前,应该复核清楚。

(9)点交:物资经过复核确认如果是用户自提,即将物资和证件全部向提货人当面点交,办清交接手续。如是代运,则需办理内部交接手续,向负责代运人点交清楚,由接手人签章。物资点交手续办完后,该项物资的保管阶段基本完成,保管员即应做好清理善后工作。

3. *库存物资维护保养制度*

物资的维护保养工作是物资技术管理的主要环节,保管人员经常对所管物资进行检查,了解和掌握物资保管过程中的变化情况,以便及时采取措施,进行防护,从而保证物资的安全和完好。物资入库后的保管阶段,保管人员应做好以下工作:

(1)物资入库后,按要求堆码整齐、牢固。对易损物资应轻拿轻放,不得损坏。要对堆放料场的物资采取合理的堆码,保证物资不变形、不紊乱、不锈蚀,保证物资的完好。

(2)根据各种物资的不同性能和季节气候的变化,要加强对物资的防护,做到勤检查、勤保养,做好"十二防工作",即防锈、防盗、防火、防霉烂变质、防爆、防冻、防漏、防鼠、防虫、防潮、防雷、防丢。

(3)物资在库期间,如发现有锈蚀、损坏、变质的现象,保管员要及时向领导建议,提出维护保养计划;对精密仪器和较复杂的设备、电器、通信器材等,如需保养的,应请有关技术人员鉴定后方可进行,不得随意拆卸解体。

(4)搞好仓库卫生,勤清扫,经常保持货垛、货架、包装物、苫垫材料及地面的清洁,防止灰尘及污染物飞扬,侵蚀物资。

(5)做好季节性的预防措施。保管员要根据气候变化做好防护工作,如汛期到来前,要做好疏通排水沟、加强露天物资的遮盖物和防潮防霉等工作;梅雨季节,注意通风散潮,使库内湿度保持在一定范围内;高温季节,对怕热物资要采取降温措施;寒冷季节,对怕冷物资要做好防冻保温工作。

4. 安全保卫防火制度

(1)保管员每日上下班前,要检查库房、库区、场区周围是否有不安全的因素存在,门窗、锁是否完好,如有异常应采取必要措施并及时向保卫部门反映。

(2)在规定禁止吸烟的地段和库区内,应严禁明火及吸烟,仓库禁止携入火种。保管员对入库人员有进行宣传教育、监督、检查的义务。

(3)对危险品物资要有针对性专业储存,对易燃易爆物品要采取隔离措施,单独存放。消除不安全因素,防止事故的发生。

(4)保管员应保持本区内的消防设备、器具的完整、清洁,不允许他人随意挪用;对他人在库区内进行不安全作业的行为,有权监督和制止。

(5)保管员对自己所管物资,对外有保密的责任。领料人员和其他人员不得随意进出库房,如确需领料人员进库搬运的物资,要在库内点交清楚,不得在搬运中点交,以防出现差错和丢失。

(6)保管员在探亲、出差或长时间外出时,不得把仓库钥匙带出;工作时间不得将钥匙乱扔乱放;人离库时应立即锁门,不得擅离职守。

(7)保管员发完料后,应在发料凭证上签字,同时也要请领料人员签认,并给领料人员办理出门手续。

(8)仓库是存放工程物资的场所,任何人不得随意将私人物品存入库内。

第八章　项目施工管理

第一节　施工计划与进度控制

一、制定进度管理体系，明确管理职责

工程施工进度管理作为总承包部管理重要工作之一。进度管理实施三级网络进度管理体系，即总承包部管控总体网络进度计划、项目经理部管控标段网络计划、作业工区管控局部网络计划。对战线长的大型市政工程，需设置现场管理分部，对现场的进度、质量、安全及文明施工等进行管控，对现场施工进度检查、纠偏及反馈信息。

二、认真落实总体进度目标及关键节点目标

大型市政工程项目的建设，是城市建设管理的一个重要组成部分，政府将会高度重视施工进度情况，并会严控竣工节点工期。尤其是道路与桥梁工程施工，对于周边企业、商场、学校、医院等单位的正常运营、群众生产和生活会产生较大影响，同时给周边工作、生活的群众造成了极大不便，因此工程施工进度将成为多方关注的焦点，尤其是完工交付使用的节点，明确后要确保按时完成；否则将会造成巨大的负面社会影响，对承担施工任务的企业的信誉造成较大的影响。

工程总体进度目标和关键节点目标的如期实现，是投资成本控制及投资利润实现的一个重要条件；因此对于承建单位、政府及市民各方的总体利益目标是一致的。

总体进度目标是要按照合同工期目标，绘制总体进度计划网络图，以确定关键节点目标，上报建设单位批准后，逐级管理人员进行宣贯，并要求各施工标段按照此总体进度计划细化编制标段内施工进度计划，报批后遵照执行。

总体进度计划及年度计划编制主要内容：

1. 编制说明

(1)编制依据和基本资料包括：项目 PPP、BT 合同、总承包合同、项目施工规划和设计进度计划、施工组织设计、现场施工条件、已建成同类或相似项目的实际施工进度等。

(2)工程概况(包括施工重点、难点、开工日期、完工日期和总工期等)。

(3)重要节点工期目标(表格)。

(4)沿线气象、水文、地质、交通运输及材料条件，对施工的有利和不利因素等。

(5)各分部工程进度计划分别说明，主要包括施工范围、工程量、工期、施工顺序、施工强

度计算、资源配置等。

(6)对关键线路项目的每道工序的施工周期(本道工序开始至下道工序开始的时间)和施工设备的生产效率要有计算过程或提供数据,结合施工强度,以便计算确定平行工作面数量,并进行资源配置分析,确定施工资源数量、进场时间等。

(7)人力资源计划、施工机械设备使用计划和主要材料使用计划汇总。人力资源计划要考虑农忙季节或春节期间的劳动力保障措施。

(8)在进度计划说明中,应增加对关键线路的说明,要包括工期控制重点和难点,如对冬、雨季施工有效工期变化造成影响进行分析,并编制保证计划施工进度的措施。

2. 施工进度计划(文字、网络图、横道图)

采用计算机管理为依托的网络计划技术,以 Project 和 P6 软件作为项目控制管理基础软件。

横道图栏位主要显示:作业代码、作业名称、工程量、开始时间、完成时间、前置任务和资源配置。

3. 特别注意事项

(1)任务分解要满足指导施工的需要,尤其是桥梁部分,都要进行工序分析,要求桥梁施工计划要细化至每根桩基、每个承台、每根墩柱和每片梁,具备指导施工及进行月(季)度和周计划分解。

(2)保通道路作为制约主体施工进度的一个关键因素,在施工进度计划中要充分考虑施工条件,合理安排工期,并配备相应的施工资源。

(3)地上障碍物、地下管线物拆迁、改迁对施工进度的影响。

三、制定进度动态管理机制,保证总体目标实现

大型市政工程总承包项目,其特点是投资额度多、工程规模大、施工环境复杂、协作单位多、建设工期短。其施工进度一般由于受征地拆迁、管线迁改等外部因素影响,往往不能按照项目初期制订的计划均衡推进,会出现前松后紧或延期,并且现场管理难度大,往往靠行政命令推进进度,不利于项目管理,同时也增加了安全、质量、投资的控制风险。因此,对于大型市政工程总承包项目,编制合理的进度计划,并在施工中对进度计划实施动态管理尤为重要。

鉴于市政工程受房屋征拆、管线迁改的影响大的特点,推进工程进度要树立“见缝插针,以开工促拆迁的理念”推进工程建设。根据大型市政工程的特点,在施工进度组织上,要牢固树立“小流水、大循环”的组织模式,将“平行作业、交叉作业、流水作业”三种作业方式融为一体。

制定好进度计划是动态管理的前提,因此在进度管理上,要以计划为龙头,合理制定总体目标工期、关键节点工期,相应的科学制订施工生产年度、月度和周施工计划并严格监督执行,做好事前规划,使计划任务始终保持合理性、均衡性、科学性和前瞻性,确保项目施工

进度和总体目标处于可控状态。

1.项目实施过程中的动态管理

(1)工程进度目标的逐层分解,在项目实施过程中,逐步地由宏观到微观,由粗到细分级编制深度不同的进度计划。并在执行中编制年度计划、月计划、周计划,以便更好地实施和检查。

(2)建立月、周施工例会制度。

由总承包部组织定时召开项目月、周施工例会,以总结上月(周)施工计划执行情况及存在问题解决落实情况,布置下月(周)施工计划,对相关存在的征地拆迁、施工资源及上级指令等问题制订解决方案并落实责任到人,确保完成计划任务,通过以周保月、以月保年,保证实现总体进度目标。

(3)在进度执行过程中实时检查执行效果。

编制计划的目的是为了跟踪每项活动是否按计划运行,跟踪的过程就是对项目动态控制的过程,是项目进度管理和控制的核心工作。通过建立施工进度日报制度,每日用固定格式统计表记录工程形象量完成情况,并对周进度计划执行情况每日进行对比判断,发生偏差要及时调整。在计划形象图上进行实际进度记录和标注,并跟踪记录每个过程的开始日期、完成日期,记录完成数量、质量签认情况、干扰因素的排除情况。跟踪形象进度,对工程量、总产值、耗用的人工、材料和机械台班等的数量进行统计与分析,编制统计报表。落实控制进度措施应具体到执行人、目标、任务、检查方法和考核办法。执行合同中关键线路上的工作进度,依据开工及延期开工、暂停施工、工期延误、工程竣工的承诺,处理进度索赔。

项目经理部应向监理工程师报送月进度报告,总承包部负责将汇总后的月进度报告报送项目公司,月进度报告应包括下列内容:进度执行情况的综合描述,实际进度图,工程变更情况,进度偏差的状况和导致偏差的原因分析,解决问题的措施,以及计划调整意见。

(4)分析和预测。

在进度管理工作中,分析和预测的进度控制,通过实际进度情况的统计、分析和预测,避免施工进度不可控制情况的发生。

(5)计划的更新和调整。

进度控制的核心就是将项目的实际进度与计划进度进行不断分析比较,根据实际情况,不断进行进度计划的更新和调整,保证施工计划的合理性。

2.项目进度计划动态控制的纠偏措施

(1)见缝插针组织施工,以施工进度促进拆迁。

(2)增加施工资源、改变施工机具和改进施工工艺等。

(3)调整进度管理的方法和手段,采取激励措施,关键工期增加施工管理及作业人员,加班加点。

(4)落实加快工程施工进度所需的资金等。

(5)根据市政路桥线性施工特点,采用流水作业、平行作业、交叉作业等方式,以加快工程施工进度。

四、采取激励措施，确保完成既定施工计划

为了提高项目经理部的积极性和主动性，确实有效落实计划任务，制定工程进度奖罚金制度和施工劳动竞赛活动，公开、客观地反映和评价各施工标段的进度完成情况，通过经济杠杆和表彰奖励，让施工标段的项目经理团队始终保持积极向上的工作作风，形成“比、学、赶、帮、超”的良好氛围。

1. 经济奖罚

由项目公司与总承包部共同制定施工进度考核实施细则，从建安费中按照一定比例预扣履约考核基金，以月施工计划执行情况为考核基础，通过经济奖惩的办法促进工程进度的履约；另外对重要节点目标设置奖罚措施，通过重奖重罚，确保关键节点目标的实现。

2. 表彰激励

为月进度计划完成率前三名的项目经理部颁发排名奖牌，通过表彰奖励，形成横向比较赛进度的良好氛围。

3. 行政手段

对进度滞后标段，可采取给其所属单位通报，要求其上级单位派领导蹲点管控进度及撤换不作为管理人员等措施，从主观能动性方面解决问题。

第二节　施工质量管理

质量是企业的生命，质量是企业永恒的主题，是现代企业立足于市场的一张名片。质量管理坚持“质量第一、预防为主”的管理方针。任何经营成果的取得，都源于管理，而管理的终极目标在于实践。良好的企业管理秩序，首先是建立健全管理组织机构与管理制度，通过管控体系和管理制度的保证，来满足质量目标的实现。实行“首件认可制、样板引路”是从事大型市政工程最为有效的做法，是促进工程质量的有力抓手。

一、质量目标

质量目标是企业对建设单位的承诺。在工程开工前，依据建设单位对工程的质量要求，制定出适合于本工程质量的总体目标。按照总体目标的要求，细化分解总体目标，贯穿于分部、分项工程，使之更具有可操作性，更便于被执行和应用。

1. 质量总目标

(1)工程竣工一次验收合格率100%。

(2)合同履约率100%。

(3)顾客满意度达到90%。

2. 分解目标

(1)分部、分项工程合格率为100%；检验批验收合格率为100%。

(2)合同履约率100%。

(3)顾客满意度达到92%以上。

(4)无建设单位书面抱怨或投诉,不发生质量责任事故。

(5)创建省部级优质工程,争创国家级优质工程。

同时,在目标转化的具体工作中,约定了管理者责任,即每年度总承包部与项目经理部分别签订工程质量责任书,明确质量总体目标和分解目标。

二、施工质量控制

企业管理体系的建设与划分,目的在于确定组织中各项任务的分配与责任的归属,以求分工合理、责任分明,从而有效达到企业目标。作为总承包质量管理,其主要职责是管理、监督和服务。质量保证体系的建立,对整个工程质量提供了保障。

1. 建立健全质量保证体系

开工伊始,成立了总承包部总经理为第一责任人的总承包部质量管理体系,项目经理部项目经理为第一责任人的质量管理体系。将管理职能逐一分配,实行分级管理,层层抓落实的局面。

大型市政路桥工程属于典型的线形工程,施工标段多、战线长。为了有利于管理,有益于职能的发挥,有益于快速解决问题的原则,依据实际情况,总承包部按照不同开工时间、不同地点,适时分段成立了与现场相适应的现场管理分部,授之于相应的权利,代表总承包部行使现场质量监督、检查,快速、有效解决现场出现的质量问题及与管理层之间的信息传递,使管理层能够及时、准确了解现场质量动态,快速解决施工过程中出现的质量问题,使工程质量始终处于可控状态。

2. 建立完善的质量管理制度

企业制度是企业管理的基础,是企业行为准则和有序化运行的体制框架,是企业员工的行为规范和企业高效发展的活力源泉。

总承包部制定“质量保证体系”“质量管理办法”“进度、质量、安全实施细则”“强制性条文实施计划”“工程创建优质工程规划”等质量管理方面纲要性文件。随着工程的进展,配套制定“桩基及承台质量检查奖罚实施细则”“墩柱、箱梁、桥面系及挡墙质量检查处罚实施细则”“桥面及道路工程施工质量验收管理规定”“首件工程认可制实施细则”等一系列与之配套的管理文件,从管理上满足了工程管理的需要。

随着工程的深入展开,针对存在不同的问题,补充制定了“创优措施指导手册”“清水混凝土表面缺陷处理工艺”等一系列工艺性文件,便于基层贯彻执行,在作业层起到了较好的指导作用,减少了质量通病的出现。

3. 施工质量管理措施

坚持管理为主,监督和服务并举的管理思想,切实抓好每一道工序,严格工艺管理,标准化管理。在施工质量管理上,除了严格执行规程规范和管理制度外,还要坚持以人为本的管理,充分调动每名员工的积极性、主动性和创造性。

4. 现场指导与服务

建筑工程是劳动力密集型的生产,工种之多,工序繁杂,且人员流动性大。要想真正生产出一个合格的产品,仅靠制度管理是远远不够的,还必须在现场很好的指导与服务的技术质量管理人员,指导和监督现场工人操作,这就要求管理人员首先要熟知图纸与规范要求,把产品所要达到的标准深入浅出地交给现场的操作工人。

(1)在检查和验收过程中,会发现许多问题,就要求现场管理和监督人员进行耐心的讲解,指出问题所在,与操作工人很好的沟通,便于操作工人能够诚心接受你的意见,并加以整改,从而达到工程质量标准的目的。

(2)大力推行亮点工程,树立比学赶帮超的氛围。

在工程建设中,总承包部精心组织、策划,对各分部工程的质量管理都有自己的管理方式和方法,特别是清水混凝土外观质量,涌现出许多好的做法,总承包部及时组织各项目经理部的相关人员进行观摩学习,并采用通报表扬与重奖重罚的方式,极大促进了整个工程质量管理水平的提升。

(3)关键部位、关键环节的质量控制,是整个工程质量控制的重中之重。

桥梁工程质量关键取决于混凝土质量和钢绞线预应力的质量,所以在开工伊始总承包部就把预应力箱梁的施工作为整个工程的重点来抓,除了混凝土及外观质量外,预应力系统当属重中之重,也关系到整个桥梁的结构安全。总承包部对预应力箱梁的技术、质量等做出重点部署和安排,作为专项逐个对各项目经理部所有预应力施工人员做专项技术交底,对预应力张拉从计算书、千斤顶、灌浆、表格的填写等程序做出了详细的规定,统一标准,同时要求项目经理部必须严格执行。

5. 管理制度的执行

制度的建立,是为了保证企业日常管理的规范,有了制度,就要执行,在企业的管理中,保证制度的刚性是根本。而制度化管理应具有它柔性的一面,过于机械、僵化地执行,则很难发挥制度最大效益。

在执行制度时,既要有严肃性,又要灵活掌握,在实际操作中,我们对于一些新来人员因不熟知工艺标准出现的工艺缺陷,现场整改;对于违规做法的行为,现场采取书面整改通知;对于出现违反规范而无整改措施的行为,则按照所颁发的实施细则规定进行处罚,情节严重的总承包部则在全线内部通报。

三、质量管理工作开展情况

1. 日常质量管理

技术、质量管理人员管理水平的高低,是整个工程成败关键之一。如何让现场技术、质量人员尽快掌握、熟知市政工程的技术质量标准,适应市政工程的管理需要,重点采取以下措施:

(1)各层级组织设计图纸、规程规范的学习,熟练掌握质量和技术标准。

(2)召开质量专题会。对阶段性工序施工方法集中讲评,统一思想认识,共同提高。

(3)大力推广亮点工程。内部组织总承包部管理人员进行观摩学习,以点带面,提高整个项目施工人员的质量意识,让亮点工程起到先进引领作用。

(4)扩大交流。学习其他单位好的做法,取长补短。力求人短我长,人长我精。

(5)积极推广细部工艺做法标准化。将主要分部工程做技术质量交底,在细部工艺做法及质量标准制作成幻灯片 PPT 形式,集中培训,有效提高了全线质量管理人员的业务水平。

(6)采用现场周报的形式,更好掌握整改项目的质量动态。

(7)竣工验收前,邀请专家帮助指导观感质量、实体缺陷、竣工资料填写正确性与完整性,为竣工验收打下良好的基础。

2. 积极推行首件工程认可制,样板引路

积极推行首件工程认可制,样板引路。其意义在于确定工艺做法,订立质量标准,为后续工程起到引领和指导性作用。只有首件工程认可了,才能组织大面积施工,同时提供了可靠的质量标准和技术保障。

(1)策划:制定文件及标准,成立了领导小组,确定试验段、首件工程项目,明确实施步骤及验收程序。要求项目经理部按照"首件工程认可制实施细则"文件遵照执行。对首件工程认可的项目予以奖励,对于未认可的首件工程,则继续执行首件认可制的规定,直至认可后,方能开展后续大面积施工。

(2)实施:要求项目经理部在开展试验段或首件工程实施前,对工序中的施工工艺、参数等进行规划,编制首件工程施工方案,方案得到总承包部技术部门的批准后,方能开展试验段或首件工程的施工。

(3)总结:对实施后的试验段或首件工程施工参数、指标及施工工艺进行确定,编制试验段或首件工程施工总结,经主管部门验收批准后,方可组织工程大范围的施工。

3. 月度考核及专项检查

依据总承包部制定的考核管理制度,严格对项目经理部进行考核评价。

(1)月度考核:根据"工程进度、质量、安全环境保护及文明施工考核实施细则"规定,每月末总承包部专门组织对项目经理部在建工程进行质量考核,并在每月组织的月度考核中,每次邀请项目经理部的总质检师或质量部门负责人参加考核小组,以此增加了相互学习的机会,也提供了各项目经理部之间相互交流的平台,有效提高了质量意识。考核结果在每月的生产例会上进行总结讲评,得到各项目经理部的认可。

(2)专项检查:对于工程在施工中出现的普遍性问题,总承包部采取专项检查的方法进行纠偏,如墩柱、预应力箱梁、防撞墙等直接影响质量的地方,在未大范围施工前,根据部分产生的外观质量缺陷,本着及早发现、早组织,展开专项检查,组织专项检查现场会进行相互交流,分析产生的原因,防患于未然,有效遏制质量通病的产生,提高工程质量水平。

4. 技术质量交底及培训

技术质量交底及培训,是质量管理工作中的重要一环。使每一个操作人员熟悉所做工作的质量标准,了解工艺的要求,是每道工序实施之前的首要工作,特别是对重点工序做到工序交底,如墩柱外观、箱梁外观及钢绞线预应力张拉注浆、道路等,都需要精心策划和切实组织落实。

选用适合于本工程的验收资料用表,也是一项重要的工作。而在工程展开的过程中,往往是重视工程进度而不重视资料收集整理工作。建立市政工程验收和竣工资料所用表格的统一格式和规定。首先要积极与建设单位、监理单位和市政质量监督站等部门进行沟通,确定工程资料用表形式,规范填写方法,统一资料填写样本,做到规范性、完整性、正确性。

为使工程资料人员能够熟练掌握工程资料填写方法,并做到正确填写,总承包部按照三个步骤开展培训工作:

(1)邀请市政资料专家,就平台的使用、填写,向资料员进行讲解,使他们能够掌握和熟悉所需用表格的内容及操作方法。

(2)对于操作中出现的问题及与工程中不相吻合的表格内容,邀请资料专家、质监站,依照规范标准,确定表格中的内容,共同商议和沟通,统一填写方式。

(3)组织工程质量、技术、试验等与验收有关的资料人员,对工程验收和竣工资料的整理、归档进行集中讲解和培训,提高竣工资料整理归档与工程验收的工作质量。

5. QC 小组活动情况

以“品质改善,品质保证”作为指导思想,“预防不良、发现不良、跟踪解决不良”为目的,有计划地选派质量技术人员到省、市质量协会举办的 QC 骨干培训班学习。着眼具体情况制定 QC 活动计划;从现状调查入手,紧紧围绕提高工程质量、降低消耗、节能环保、提高管理水平、增进效益等方面开展 QC 小组攻关活动。

建立有效的奖励机制,激发质量管理人员的积极性和创造性,以提高企业整体的质量意识。

第三节　试验检测与管理

一、市政工程试验检测特点

依据《建设工程质量检测管理办法》(住建部令第 141 号)和《房屋建筑工程和市政基础设施工程实行见证取样和送检的规定》(住建部〔2000〕211 号)文件规定,市政工程试验检测有别于交通、水利等其他工程,其主要特点:一是对涉及结构安全的试块、试件和材料实行见证取样和送检制,比例不低于有关技术标准中规定应取样数量的 30%;二是对送检的检测机构资质也有十分明确的规定,即实行独立的第三方检测制度;三是加强市政质量监督机构对现场材料、实体质量的监督抽查力度。

二、市政工程试验检测依据

《城镇道路工程施工与质量验收规范》(CJJ 1—2008);

《城市桥梁工程施工与质量验收规范》(CJJ 2—2008)。

三、试验检测工作管理模式

为加强施工质量管理力度,实现工程质量检验工作规范化、程序化、标准化运作,切实发挥试验工作在工程质量监督和检验中的作用,总承包部成立了中心试验室,主要负责对各标段试验检测工作进行统一管理,主要工作内容:指导、监督、抽查各标段试验检测工作,同时负责协调与第三方检测机构及监理就试验检测工作的沟通;要求各施工标段设立工地试验室,主要负责所属施工标段内进场原材料抽样送检、见证取样、拌和站质量控制、施工过程质量控制工作。

四、中心试验室质量保证体系

为更好地发挥总承包部中心试验室的指导作用,制定了"工程质量检测与试验管理办法"和"试验检测实施细则",作为总承包部对各标段试验检测工作管理的依据。体系明确了中心试验室和工地试验室的职责、资源配置、工作流程、各项规章制度、进场材料和施工质量控制及试验管理奖罚措施等。

按照管理办法,要求各标段按照施工任务配备充足的试验检测及管理人员,筹建满足工程需要的仪器设备及检测场所,作为各施工标段质量自控的一部分。

规定了中心试验室及标段试验室组织与管理机构图,岗位责任制,仪器设备操作规程,保养维修及管理,仪器设备的计量检定,校准及管理,试验室管理制度,环境卫生、安全管理,样品、资料、档案管理制度,试验室、养护室温湿度管理,抽样送检程序和质量管理流程。

五、运行情况

在运行过程中,中心试验室按照管理办法及体系文件对各施工标段进行每半月一次综合检查和不定期随机抽查,并联合市政专业监督站及项目公司对各标段进行半年一次检查,通过检查也验证了该管理办法实施操作性强,起到了对标段试验工作管理、指导、协调的效果。

六、施工质量管理措施

通过制定试验检测管理体系,同时,联合市政工程专业监督站制定并下发了统一的"试验检测台账",使各标段试验工作达到规范化、标准化、统一化。

在生产施工过程中,中心试验室对关键部位,关键环节从原材料到半成品、成品进行了有效的管控。具体如下:

(1)制定试验室各项管理制度,对本项目范围内的工程试验业务进行指导并督促试验人员严格执行各项规章制度。

(2)参与原材料选场调查,并通过试验对所选材料质量做出评价,为工程招标工作提供一定依据。

(3)指导各标段试验室按规定的检测频次对进场材料进行抽样送检和见证取样工作,不定期对本工程施工原材料、成品、半成品及实体的质量进行抽样复检,认真填写各项试验原始记录。

(4)指导各标段试验室按时做好试验周报、月报,并及时汇总上报总承包部主管领导。

(5)督促指导各标段试验室配备与工程质量控制相适应的仪器设备,以满足试验检测需要。

(6)指导并监督检查各标段试验室建立健全各类原材料、试件等检测台账的登记工作。

(7)与第三方检测机构、质量监督站的沟通、协调工作。

(8)对本工程各标段试验人员业务培训工作。

七、施工过程试验检测质量控制

1. 原材料质量控制

“试验检测实施细则”详细规定了各种原材料的抽样方法和频次、检测项目、依据规范。并在过程中对各标段及拌和站进场的原材料进行不定期抽样检测,对各标段外检报告定期检查审核,并与第三方检测机构及时沟通各标段原材料检测结果情况,确保工程中使用的原材料为合格品。

2. 混凝土质量控制

为确保混凝土质量,总承包部组织参建各单位自建混凝土拌和站,主要材料由集团和总承包部统一招标采购控制,对每个拌和站进行联合验收,验收合格后方可投入生产。

为确保混凝土质量,中心试验室组织各拌和站对各自供应标段的混凝土配合比进行统一设计并协调配合比验证工作。在混凝土生产过程中,中心试验室对各拌和站进行不定期的检查和抽检混凝土试件,并及时与第三方检测机构沟通了解各标段的混凝土强度状况,发现问题及时解决处理,将混凝土质量存在问题消灭在萌芽时期。具体控制措施如下:

(1)施工前,要求各标段应各自做好与施工图纸相匹配混凝土配合比,并得到第三方检测机构验证、报送监理批准后的配合比才能允许施工使用。根据现场集料含水率,将理论配合比换算成施工配合比,并填好施工配料单,在经技术主管审签后提供给拌和站(施工)负责人作为施工依据。每个拌和站(工点)均应挂牌施工,牌上内容包括:工程名称及里程,施工队或班组,混凝土设计强度等级,混凝土理论配合比、施工配合比,每盘混凝土材料用量,技术负责人及施工负责人签名等。

(2)各拌和站严格按照验证后的配合比进行配料,且保持拌和站衡量系统良好的工作状态,各种衡器应定期检定,每次使用前应进行零点校核,保证计量准确。每盘混凝土材料的称量允许偏差符合规范要求。

(3)要求各拌和站对混凝土拌制各种材料的外观质量、配料和拌和正确性检查控制,每班次至少两次。新拌混凝土坍落度及和易性试验每班不少于两次。砂、石含水率每班至少检测两次，每日开盘前必须检测一次，如遇雨天或含水率有显著变化时，应增加含水率检测次数，并及时调整水和集料的用量。拌和时间每盘检查，应采用分次投料搅拌工艺；在掺用外加剂时，搅拌时间按工艺要求办理。每盘混凝土材料的称量偏差每工作班抽查不少于1次。

(4)试件的取样：不同强度等级、不同配合比钢筋混凝土及素混凝土及不同工程部位应检查混凝土强度，每拌制100盘且不超过100m^3的同配比的混凝土，取样不少于1次；每工作班拌制的同一配合比的混凝土不足100盘时，取样不小于1次；每次取样至少留置1组标准养护试件，同条件养护试件的组数应根据实际需要确定。每月对混凝土强度进行统计分析，并指导标段拌和站质量控制。

(5)要求各标段试验室及各拌和站对混凝土强度进行每月统计分析，按照市政工程混凝土评定标准查看数据是否合理，并对以后的混凝土拌和提出合理建议。

3.路基路面质量控制

中心试验室下发了“道路施工试验人员配置要求的通知”，明确要求道路施工各标段配备相应的资源。同时，总承包部中心试验室在每个沥青站配备相应的试验人员，对沥青生产原材料及过程进行试验检测并监控。

根据道路施工特点，总承包部下发了“路基施工验收管理办法”，实行下层不验收，上层不允许施工的制度。验收的主要内容为高程、层厚、平整度，坡度、压实度、芯样强度、弯沉等规范规定的项目，对于不合格的施工段坚决要求返工处理，确保从路床施工开始每层的施工质量满足设计及规范要求。中心试验室对各标段水稳站材料及摊铺压实后的实体质量进行巡回抽检，并将检测结果汇报主管领导，确保路基施工的质量。

八、质量事故的处理及结果

参与质量事故调查及分析，并根据专业知识分析质量事故原因及处理意见和措施。

第四节　施工安全、职业健康与环境管理

施工安全、职业健康与环境管理是针对生产过程中可能存在的危险源和职业危害因素，通过运用有效的资源，采取适宜的工作程序和控制手段，对生产过程进行计划、组织、指挥、监控和协调，以期达到消除和减少危险源、控制危害因素的目的。

一、大型市政工程施工安全、职业健康与环境管理的特点

大型市政工程投资大、工期紧、参战人数多、周边施工环境复杂，施工安全、职业健康与环境管理有如下特点：

1.露天作业条件恶劣性

市政工程多数是露天作业，受环境、气候的影响较大，工作条件差，劳动强度大，安全管

理难度大。

2. 产品品种多样性及施工工艺多变性

如市政高架桥,从基础、下部结构、上部结构,各道施工工序均有其不同特性,其不安全因素各不相同。同时,随着工程的进展,施工现场的不安全因素也在随时变化,总承包单位必须针对工程进度和施工现场实际情况及时采取安全技术措施和安全管理措施予以保证。

3. 施工高空性

市政工程产品的结构十分庞大,操作工人大多在十几米,甚至几十米的高空进行施工,容易产生高处坠落的伤亡事故。

4. 多工种作业的立体交叉性

目前市政建设工程由低向高发展,由地上向地下、水下发展,施工现场由宽向窄发展,致使施工场地与施工安全条件要求的矛盾日益突出,多工种立体交叉作业增多,导致机械伤害、物体打击事故增多。

5. 劳动保护的艰巨性

在恶劣的自然环境下,施工人员手工操作多、体力消耗大,劳动时间和劳动强度都比其他行业大,带来个人劳动保护的艰巨性。

6. 施工队伍大的流动性

目前劳动力紧张,大多数受教育水平较低、安全意识和自我保护能力较弱的农民工走上了建筑工人岗位,在工程建设过程中,队伍流动性大,新入场人员对现场的安全无法深入了解,多数作业人员并没有完全了解和掌握安全操作规程便进行现场作业。

7. 环境保护的艰巨性

扬尘、噪声等环境保护看似小的问题,处理不好就会被投诉,将导致企业被列入失信名单等,对企业造成较大的社会负面影响。

二、职业健康、安全与环境管理及控制的目标

确保市级安全、文明标准化工地,争创省级安全、文明标准化工地,实现绿色施工。

三、总承包部安全管理的主要措施

1. 制度管理

开工之初,总承包部按照国家安全法律法规及地方政府监管部门的要求,制定包括安全生产责任制、分包、技术、安全费用、设备、消防、交通、安全教育培训、应急管理、用电安全等安全管理制度,成立安全生产委员会,定期召开安委会及安全专题会议,对安全管理制度进行反复研讨,充分集中大家的智慧,对安全管理提出有针对性、可操作性的要求,然后对所属项目的相关人员进行制度培训、交底,统一思想,提高认识,用制度规范约束施工人员的行为。

2. 组织管理

总承包部建立以总经理为第一责任人的安全生产行政管理体系、以总工程师为主要责

任人的安全技术支撑体系、以主管生产领导为主要责任人的安全生产实施体系、以安全总监为主要责任人的安全生产监督体系，形成由总经理牵头，安全监管、生产实施、技术保障相互独立、相互监督、相互支持的工作机制。

总承包部组织管理重点放在抓四个责任体系建设上，检查督促项目经理部四个责任体系人员按标准配置到位、责任落实到位。开工之初总承包部根据建设部《建筑施工企业安全生产管理机构设置及专职安全生产管理人员配备办法》，对安全总监素质、能力等条件提出明确要求，督促项目经理部及劳务作业队伍专（兼）职安全管理人员配置到位，对劳务作业队伍专（兼）职安全管理人员进行检查考核，奖惩兑现，通过多奖少罚等方式充分调动劳务作业队伍专（兼）职安全管理人员的积极性和主动性，真正把劳务作业队伍专（兼）职安全管理人员纳入总承包部的监管体系。总承包部在引领的同时逐步实现从管事到管人的转变，以便总承包部有足够精力考虑一些重大的、事关全局的前瞻性的问题。

3. 抓安全技术管理，确保专项施工方案得到有效实施

根据《危险性较大的分部分项工程安全管理规定》（住建部令〔2018〕37 号），总承包部把专家评审的危险性较大的分部分项工程进行重点监管。这些超过一定规模的危险性较大的分部分项工程开工前各项目经理部编制专项施工方案，总承包部部组织专家评审，根据专家评审意见修改后报监理工程师审批后实施。实施前项目经理部参照《建筑施工安全技术统一规范》（GB 50870—2013）要求，对专项施工方案进行安全技术交底，并交底到作业层，同时履行书面签字手续，确保作业人员掌握专项安全方案的技术要领及必要的应急处置措施。

经审批的专项施工方案必须严格执行，需要修改时，按原审批程序重新报批，擅自变更专项施工方案的总承包部将根据安全奖惩制度实行严厉处罚。

4. 抓过程隐患排查整改，将事故消灭在萌芽状态

（1）桩基施工。

市政工程施工区域人员密集、地下管线众多，桩基施工时采用每孔必探，探测深度不小于 4m；有可疑情况，应将灌注桩护筒下去后再向下探至 6m 左右，减少和避免因地下管线的破坏引发安全事故。与此同时，钻孔时通知管线单位现场巡视人员到场后再开设钻孔，以便遇到突发情况能第一时间通知到具备专业技术的应急抢险人员。

（2）承台施工。

坍塌事故是建设工程中死亡率最高的，城区承台开挖施工，受场地限制，多数需要进行直立开挖，且基坑开口距离保通路很近。为此，开挖时采用短期封路让车辆绕行的方式尽快完成开挖，然后根据土质情况灵活采用素喷混凝土、挂钢筋网片后喷混凝土、工字钢等型钢支护、打钢板桩等方式，确保边坡不发生坍塌。

（3）墩柱施工。

墩柱钢筋笼绑扎工作平台和墩柱模板固定系统相互独立，避免坍塌事故。墩柱钢筋笼高宽比大于 3 时，自身稳定性差，钢筋笼应分段绑扎并及时扣上墩柱模板，避免大风将墩柱

钢筋笼刮倒。墩柱模板应采用地锚固定的方式单独加以固定,禁止将模板固定在模板外侧的工作脚手架上,避免墩柱模板倒塌引起工作脚手架倒塌造成人员伤亡。

(4)现浇钢筋混凝土箱梁施工。

严格按照专家评审方案进行搭设、验收,确保箱梁模板支撑系统安全。施工前项目经理部应编制安全专项施工方案,经相关部门审核并经专家评审、总监理工程师审批后实施。施工现场箱梁模板支撑系统多数采用的是碗扣式支架,目前碗扣式支架市场上很难租到满足规范要求的壁厚3.5mm的钢管,为此安全专项施工方案必须有壁厚2.8mm的验算。

支架搭设完成后,项目经理应组织相关人员对支架进行内部验收并报总监理工程师签字验收。在基础回填区域,必须按照《钢管满堂支架预压技术规程》(JGJ/T 194—2009)分三级对支架进行预压后方可进行下道工序施工,三级依次施加的荷载应为单元内预压荷载值的60%、80%、100%。

(5)桥面系施工。

混凝土箱梁支座解锁、箱梁钢绞线张拉结束后,方可开始支架拆除及防撞墙施工。桥面沥青混凝土施工,场地小,重型设备多且在不停运动,项目经理部应设专人监视,避免发生碾压伤害,沥青混凝土车辆禁止在桥上特别是跨中集中停放。

(6)应急管理。

为避免遇到突发事件时束手无策和不必要的恐慌,总承包部根据《生产经营单位安全生产事故应急预案编制导则》(AQ/T 9002—2006)、《生产经营单位生产安全事故应急预案评审指南》,编制了“天然气事故应急预案”“脚手架坍塌事故应急预案”的范本供各项目经理部借鉴,提高项目经理部编制预案的针对性和可操作性。

应急预案的核心是如何做好现场应急处置,总承包部要求各项目经理部在编制预案时主动和管线及设施的产权单位、交警、消防等相关部门对接,尤其是和维修单位主动对接,熟悉并掌握发生意外情况下,如何实现快速报告,现场人员在维修单位到达现场前可以采取避免事故扩大的措施(如就近关闭的阀门位置、疏导交通等),确保预案具有针对性和可操作性。

5. 强化月度安全检查考核,将制度落到实处

根据安全检查考核细则,总承包部每月组织开展一次综合安全检查考核,在每月的生产计划会上,根据检查考核情况,结合国家相关安全法规的要求,通过幻灯片的形式,直观地对上月安全管理工作进行系统总结,布置下月生产计划;同时布置月度的安全计划,对每月排前三名的单位会上颁发奖牌、兑现奖励,对不落实管理要求的单位进行处罚,起到鼓励先进、鞭策落后的目的。

四、职业健康管理的主要措施

1. 规范临建设施布置

按临建设施总体布置进行规范布置,生活区和生产、办公区分区域设置,施工现场采用

集装箱、搭建阻燃彩钢房等方式设置临时办公和休息室，规范设置饮水室和吸烟室，工作之余给职工提供一个好的休息场所。

2. 对生活用水进行水质化验

饮用水尽量采用自来水，采用打井等非自来水时要进行水质化验，处理合格后方可饮用。

3. 食堂厨师持健康证上岗

食堂厨师经健康体检、合格后方可操作，各单位成立伙食委员会，对饭菜质量、卫生情况进行监督检查。

4. 做好岗前、岗中、离岗前职业健康体检

对从事电焊、混凝土缺陷处理等危害职业健康的作业人员发放合格的劳动保护用品，作业前进行职业健康体检，有疑似职业病患者禁止聘用，彻底撇清和施工单位的关系。岗中再次进行健康体检、发现疑似及时调整工作岗位，离岗前再次进行职业健康体检，确保无职业病事件发生，并妥善保管好职业健康监护档案。

五、环境管理的主要措施

1. 施工现场空气污染的防治措施

(1)围挡封闭施工。

围挡统一使用优质彩钢板，总高度主干道不低于2500mm，次干道不低于1800mm。主干道围挡底部采用砌体砌筑或混凝土浇筑，底座标准为基准面以上高度不低于300mm，下穿隧道工程底座标准为基准面以上高度不低于400mm，宽度不小于200mm，外粉水泥砂浆，防止泥浆外溢。

(2)场地硬化。

钢筋储存场及加工场用混凝土硬化，其他现场场地及道路根据需要采用碎石、道砟、混凝土等方式硬化，局部狭小区域可通过种草等方式进行绿化。

(3)渣土覆盖及外运。

渣土原则上随产随清，外运单位选择有资质的队伍，采用密闭车辆外运至建设单位指定的场所；不能及时外运有可能产生扬尘时，渣土经机械整形后用防尘网覆盖。

(4)设置车辆冲洗设施。

每个项目经理部在施工围挡大门内及每个出入口设置洗车棚、冲洗槽和沉淀池，配备高压水枪对进出车辆进行冲洗，保证进出车辆不对城市道路产生污染。

(5)购买城市扫地车清扫道路。

购买目前比较先进的城市扫地车，清扫效率高，对围挡外的城市道路进行不间断清扫，局部清扫不到位时，围挡保洁作业队辅助清扫，确保不留死角。

(6)配备洒水车巡回洒水。

每个项目经理部均配备2~3辆洒水车，对施工区域进行巡回洒水，确保不产生扬尘。

(7)及时擦洗围挡。

每个项目经理部文明施工作业队利用小型围挡清洗设备,随时对围挡上灰尘进行清洗;配备小推车,随时对围挡外及保通路上的垃圾进行清理。

2. 施工过程水污染的防治措施

(1)施工现场临时食堂,污水排放时设置隔油池,定期清理、防止污染。

(2)工地临时厕所,中心城区采用水冲式厕所,城郊采用化粪池,并有防蝇、灭蛆措施,防止污染水体和环境。

(3)现场存放油料,必须对地面进行防渗处理。使用时,要采取措施防止油料跑、冒、滴、漏,以免污染水体。

(4)禁止将有毒有害废弃物用作土方回填。

3. 施工现场噪声的控制措施

噪声控制从声源、传播途径、接收者防护等方面进行控制;尽量避免夜间作业对市民产生影响。

(1)声源控制。

从声源上降低噪声,是防止噪声污染的最根本措施。总承包单位要求推广使用低噪声振捣器、风机、电动空压机、电锯等。

另外在声源处安装消声器消声,在通风机、鼓风机、压缩机、发电机的排气放空装置等进出风管的适当位置安装消声器。

(2)传播途径的控制。

采用有空腔体的吸声材料,应用隔音室等隔音装备,对来自振动引起的噪声,通过降低机械振动减少噪声,如改变振动源与其他刚性结构的连接方式。

(3)接收者的防护。

让处于噪声环境下的人员使用耳塞、耳罩等防护用品,减少相关人员在噪声环境中的暴露时间,以减轻噪声对人体的危害。

(4)施工现场噪声的限值。

根据《建筑施工场界环境噪声排放标准》(GB 12523—2011)的要求,在施工过程中,采取控制措施保证噪声不超过国家标准的限值。

第五节 文明施工管理

施工现场文明施工管理的水平不仅体现一个企业的管理水平,也是企业对其社会责任的一种承诺。总承包部根据《建筑施工安全检查标准》(JGJ 59—2011)制定了文明施工管理办法,对各项目经理部包括现场围挡、封闭管理、施工场地、材料管理、现场办公与住宿、现场防火、公示标牌、生活设施等方面内容的文明施工提出统一要求,实现规范化、标准化施工。

一、现场围挡

围挡沿工地四周连续设置，做到横平竖直，横不留隙、竖不留缝，实行全封闭施工。固定围挡立柱采用不小于80mm×80mm×2.5mm方钢，柱中心间距不大于3000mm，柱与柱之间采用40mm×40mm×1.2mm方钢；围挡底座上部统一使用优质彩钢板，围挡总高度主干道不低于2500mm，次干道不低于1800mm；围挡外侧底部基座及顶部必须设置黄黑相间的警示标志，在路口和危险地段明显部位设置警示灯及交通指示反光牌标志。

围挡封闭端头处的拐角禁止成直角，应为斜角或有一定的弧度走向，必须设置水马、反光路锥等对车辆进行引导，同时加装反光条的防撞墩或其他韧性防撞设施（如韧性防撞柱）；施工围挡封闭端头等间隔安装太阳能频闪灯或红色警示灯。

围挡造成主干道道路突然缩窄时，应在前方100m处设前方施工、减速慢行、突然缩窄等警示标志。在距来车方向不少于80m的地点设置施工或者注意危险警告标志；在距来车方向不少于50m的地点设置反光的施工或注意危险警告标志；施工车辆开启黄色标志灯和危险报警闪光灯。

二、封闭施工管理

施工现场进出口设置大门，方便施工人员进出，大门内设门卫值班室。门卫值班室悬挂"门卫管理制度""门卫岗位职责"和"内部治安保卫制度"等标牌；门卫值班应穿制服，佩戴工作卡，认真填写来访登记和交接班记录；严禁无关人员进入施工现场，对外来办事人员发放安全帽。

进入施工现场的所有管理人员必须佩戴工作牌，工作牌要注明姓名、职务、工作岗位及照片；作业人员必须佩戴工作卡，工作卡应注明姓名、工种、编号（与劳动合同关系相对应）。

三、施工场地

现场场地及道路根据需要采用不同的硬化方式（如采用碎石、道砟和混凝土等），钢筋储存场及加工场必须用混凝土硬化，钢筋存放场必须设混凝土台座，其厚度和强度应满足施工和行车需要；现场场地和道路应平坦、畅通，避免积水并设置相应的安全防护设施和安全标志。

安全标志应针对作业危险部位悬挂，并绘制安全标志平面布置图，安全标志牌的制作应符合《安全标志及其使用导则》（GB 2894—2008）的要求。环境标志牌的制作应符合《环境保护图形标志　排放口（源）》（GB 15562.1—1995）、《环境保护图形标志　固体废物贮存（处置）场》（GB 15562.2—1995）的要求，职业病危害警示标志牌的制作应符合《工作场所职业病危害警示标识》（GBZ 158—2003）的要求，道路施工安全标志牌的制作应符合《公路临时性交通标志》（GB/T 28651—2012）的要求。

四、材料管理

严格按照施工组织设计中的平面布置图划定的位置堆放成品、半成品和原材料。所有材料应码放整齐,做到散材成方,型材成垛,小散型材料入池或入袋,有材料标识牌。

钢筋、构件、钢模板等易锈蚀材料应垫起,并有防潮、防雨措施。易燃易爆物品应分类储藏在专用库房内,并应制定防火措施。

五、现场办公与住宿

办公区与施工作业、材料存放区、生活区应划分清晰,设置工地导向牌,并应采取相应的隔离措施。

办公区应设办公用房、停车场、宣传栏、密闭式垃圾收集容器等设施。办公室应满足安全、卫生、保温和通风等要求,应安装纱门和纱窗。

办公用房、宿舍应采用不超过三层的岩棉彩钢板活动房或集装箱活动房,并采取必要的防风加固措施。彩钢板活动房或集装箱活动房应有厂家提供的出厂合格证。宿舍、办公用房的芯材的燃烧性能等级应为 A 级(即不燃性材料)。

宿舍内应设置生活用品专柜、鞋柜或鞋架,设置住宿员工名单牌,悬挂卫生值日制度及值日牌。宿舍外设置晾晒衣物的场地。宿舍内严禁私拉乱接电线,严禁使用电炉、热得快等大功率电器和电热毯,严禁在宿舍内明火煮食物。

在建工程、伙房、库房不得兼作宿舍,冬季宿舍内应有取暖和防一氧化碳中毒措施,夏季宿舍内应有防暑降温和防蚊蝇措施。

六、现场防火

(1)针对施工现场可能导致火灾发生的施工作业及其他活动,制订消防安全管理制度。消防安全管理制度应包括下列主要内容:

①消防安全教育与培训制度;

②可燃及易燃易爆危险品管理制度;

③用火、用电、用气管理制度;

④消防安全检查制度;

⑤应急预案演练制度。

(2)防火间距:易燃易爆危险品库房与在建工程的防火间距不应小于 15m,可燃材料堆场及其加工场、固定动火作业场与在建工程的防火间距不应小于 10m,其他临时用房、临时设施与在建工程的防火间距不应小于 6m。

(3)储装气体的罐瓶及其附件应合格、完好和有效。严禁使用减压器及其他附件(安全阀、减震圈等)缺损的氧气瓶,严禁使用乙炔专用减压器、回火防止器及其他附件(安全阀、减震圈等)缺损的乙炔瓶;使用时气瓶间距应大于 5m,与明火距离应大于 10m,空瓶与实瓶的间距不应小于1.5m。

七、公示标牌

施工现场主要出入口应设置六牌两图及工程公示牌，六牌两图包括：工程概况牌、消防保卫牌、安全生产牌、文明施工牌、管理人员名单及监督电话牌、环境保护牌、施工现场总平面图、工程效果图。

施工现场应使用人性化安全警示宣传牌、警示用语牌。安全警示宣传牌用于施工道路两侧或施工场所，警示用语牌一般设在生活区，用于宣传企业的安全理念、安全知识、安全文化等。

八、生活设施

生活设施包括食堂、厕所、盥洗间、淋浴室、文体活动室等。厨房、厕所应设置在主导风向的下风侧。

食堂所用建筑装饰材料和设施应符合安全、消防、卫生及防疫要求，设置在距离厕所、垃圾场、有毒有害场所等污染源15m以外的地方。炊事人员必须持身体健康证上岗，并按规定至少一年体检一次。

施工现场应设置水冲式或移动厕所，设两级化粪池并做防渗处理，冲水水量及便槽深度、宽度、坡度必须满足冲干净的要求。厕所要设专人负责管理，每天清扫、消毒并有记录，并符合卫生要求。

施工现场盥洗间应设置盥洗池和水嘴，水嘴与员工的比例宜为1∶20，水嘴间距不宜小于70cm。淋浴室淋浴喷头数量与现场人员比例宜为1∶10，喷头间距不宜小于1m，并宜采用节水龙头。盥洗室、淋浴室的下水管道应设过滤网并与市政污水管网连接，保证排水通畅。

办公生活区应设置职工文化学习的娱乐活动室，保证职工业余时间的学习和娱乐。室内应配备电视、报纸、杂志、教材、书籍等学习、娱乐用品。有条件的现场可设置篮球场、乒乓球室等体育健身场所和器材。

第六节　施工现场管理

一、施工现场管理的范围、原则和管理方法

1.施工现场管理目标、范围和对象

施工现场管理目标、范围、和对象主要是指各项目经理部在整个施工过程中的质量、进度、安全、文明施工与环境保护进行监督管理，整个管理过程贯穿于与整个施工过程。使质量目标符合设计规范要求、达到本项目特殊的质量要求，并且要使本项目的质量标准达到整体划一，使进度目标满足整个工程的总工期目标、年度计划、月度计划、周计划及各节点目标

的实现,使整个项目的安全、文明施工达到规范化、标准化、统一化,使环境保护达到国家及地方有关规定的要求。

2. 施工现场管理原则

在现场施工管理中,始终坚持“公平,公正”“科学”“统一”“控制”“协调”的原则。

(1)“公平,公正”原则。

在施工过程中总承包部所管理对象是多个施工项目经理部,并且每个项目经理部所承担的施工任务和内部管理都有所不同,所以在现场施工管理过程中要针对所承担施工任务的特点、难易程度结合不同施工阶段的施工任务综合考虑。在执行制定的各种规范、文件要求、奖惩制度过程中要做到实事求是、一视同仁,严禁在管理过程中严禁出现弄虚作假、以权谋私的现象。

(2)“科学”原则。

在现场管理中,所涉及的施工单位多、战线长、施工工序多、工期紧、劳动强度大、协调难度大。因此,只有以严谨的态度,借助科学、先进的方法,手段来进行管理,才能很好地实现管理目标,体现出管理的质量与水平。

(3)“统一”原则。

根据制定的规章制度和管理措施将所有施工单位的质量、安全、进度、文明施工、环境保护的标准做到全线统一化、标准化、规范化。

(4)“控制”原则。

设置现场管理部,配备各种专业监督协调管理工程师,采用有效的控制手段,对各施工单位现场管理行为进行控制,确保控制原则得到深入的落实和执行,使整个工程处于受控状态。

(5)“协调”原则。

通过协调将各单位之间受交叉影响减至最小,通过协调将现场有效的资源发挥到最大,从而达到节约成本控制的目的,将目标实现的不利因素减至最小,使各单位的利益实现最大化。

在施工管理过程中,公正是前提,科学是基础,统一是手段,控制是保证,协调是灵魂。

3. 施工现场管理方法

(1)目标管理。

目标管理是一种主动管理方式,也是一种追求成果的管理方式,在现场管理过程中,在目标明确的前提下,对施工单位执行总目标和阶段目标的情况进行管理。

(2)跟踪管理。

在进行目标管理的同时,应采取跟踪管理手段,以保证目标在完成过程中,达到相应要求;通过跟踪及时发现和解决问题,以免发生不必要的延误或损失。

(3)平衡管理。

实施平衡管理,关键是要抓住重点,使整个工程施工过程中有重点、有条理。平衡管理是整个工程能否顺利完成的重要因素，要求现场管理人员敏锐的洞察力和预见性，能预见工程在施工中可能发生的主要矛盾并采取相应措施。

二、现场管理主要内容

(1)对各项目经理部施工组织进行管理，监督检查各施工单位施工计划、合同执行情况。

(2)对各项目经理部的施工管理人员、劳动力资源、机械设备投入等是否满足工程进度要求进行检查。

(3)对各项目经理部现场施工质量、进度、安全措施以及文明施工等进行监督、检查，按照总承包部制定的规章制度、管理措施及下发工作指令执行情况，进行监督检查、落实。

(4)对各项目经理部的施工计划执行情况进行动态管理和控制，确保阶段和总体目标的实现。

(5)对工程重点、难点和关键部位给予重点关注，配合施工单位做好施工组织管理，解决工程实际问题。

(6)建立现场与总承包部之间的信息渠道，并保证其畅通，及时将现场真实情况反馈至总承包部相关部门和领导。

(7)每周、每月、阶段对各施工单位完成的工程量进行现场核实和确认，确保工程计量准确、及时。

(8)对各项目经理部的工程变更实施和完成情况进行现场核实确认。

(9)对各项目经理部的工程进展情况以日报、周报和月报等形式报工程管理部。

(10)及时了解和掌握项目经理部以及各施工队的动态，出现不能满足施工要求或其他不利于施工的异常情况时及时向总承包部领导汇报。

三、施工现场过程管理

在工程建设施工中过程管理是建设目标实现的重要步骤，贯穿于整个工程，也是保证各阶段目标在施工过程中达到相应的要求。而跟踪管理又是施工现场管理的核心，是对施工过程中的安全、质量、进度、环境保护文明施工的综合管理，通过跟踪检查对施工中存在的问题立即反馈、督促整改及时进行复验，使问题解决在施工过程中。

同时施工现场管理也是落实设计文件、规范、技术、合同要求及针对本工程所制定的各项规章制度的过程。

现场管理主要是体现以下几方面的管理过程。

(一)现场安全管理

现场安全管理就是贯彻落实《安全生产法》，落实安全生产责任制，规范安全生产管理及各项安全措施、安全生产管理制度的过程。按照“安全生产，人人有责”的原则，把安全生产管理贯穿于整个工程建设的全过程。

检查落实各项目经理部安全保证体系建设是否健全，各项安全管理制度建设是否完善。

对不同施工阶段的安全专项方案是否编制完成、是否通过评审，重大危险源是否辨识到位进行检查。

检查三级安全教育是否到位，对新进场作业人员安全教育是否及时，相关管理人员、作业人员是否持证上岗，特种设备的检验报告是否齐全有效。

安全生产过程管理：首先检查落实安全人员是否配备到位，配备的安全人员数量及业务能力是否满足现场的需要，只要人员落实到位了现场各项管理工作才能有序开展。总承包部对现场的安全管理主要是采取日常巡视、定期、不定期检查方式对各施工单位的安全人员到位情况及现场的管控情况进行检查。

通过对现场的巡视、定期、不定期检查过程中发现的问题，以口头通知、下发整改通知单的形式督促各施工单位进行整改，在整改过程中要对整改内容限时限，定标准，并对存在的问题整改情况进行跟踪检查。如果在限定的时限内未整改或未按整改标准进行整改，将按照有关文件规定进行处罚。

督促落实各施工单位对上级及上级主管部门下发有关文件精神、整改通知执行情况跟踪检查，并及时对各项目经理部的执行情况汇报给上级单位。

针对不同的施工阶段、不同的施工内容的安全危险程度进行不同的管控、关注。在桩基施工阶段重点管控的是钻机、起吊设备、临时用电、地下管线（特别是高压线、天然气管道、军用光缆、自来水管等）等作为重大危险源进行管控。在承台、墩柱、箱梁施工阶段要把基坑开挖、支架基础、箱梁支架、墩柱箱梁的安全防护作为重大危险源进行监控管理。

针对现场的习惯性违章，不但要通过加大现场巡视检查力度，还要通过安全培训、宣传教育使每个作业人员都时刻牢记安全的危害性，树立高度的安全意识。

（二）现场质量管理

在质量管理工作中要牢固树立“百年大计，质量第一” 的宗旨，坚持“首件认可，样板引路”的制度，重点突出“精”“细”“严”，点点处处按照规范、标准及针对本工程所制订的文件要求去做，消除质量通病。做到“粗粮细作”“细粮精做”，严格执行国家规范及标准。强调内部质量，突出外部感观效果，最终实现既定的质量目标。

1. 质量预控

首先质量管理应以预控为重点，检查落实各施工单位的质量管理体系是否健全，管理制度是否完善，以确保工程质量在各个环节处于受控状态。然后分析研究以往的质量事故、质量通病，事先采取措施防止“旧病复发”，关键部位质量的跟踪控制。借鉴以往工程的管理经验，建立健全质量保证体系，加强员工的业务技能的培训，深化追求完美的质量意识。

2. 现场质量管控

施工质量的过程管控，过程管控就是跟踪各工序进行质量控制，同时准确、有效地设置质量控制点进行施工过程跟踪监控和施工成果验收。质量控制点是指为了保证作业过程质量确定的重点控制对象、关键部位或薄弱环节。设置质量控制点是保证达到施工质量的前提，施工阶段质量控制计划应予详细考虑，并以制度保证落实。对于质量控制点，一般要事先分析可能造成质量问题的原因,在针对原因制度对策和措施进行预控。

施工质量过程管控是否到位,首先是管控人员要到位、技术交底、制度的制定落实要到位,然后就是跟踪检查、验收要到位。施工质量的好坏人的因素起着至关重要的作用,每道工序的验收、每批次材料的进场验收都是影响质量的决定性的因素。所以说在总承包施工质量管控中,对各施工单位的现场质量管理人员的管控是十分重要的。

在管理好人的同时,还要对现场的施工质量进行巡视、定期、不定期的检查,对检查过程中发现的问题,要以口头通知、下发书面整改通知单的形式督促进行整改,在整改过程中要对整改内容限时限,定标准,并对存在的问题跟踪整改。如果在限定的时限内为未整改或未按整改标准进行整改,将按照有关文件规定进行处罚。

(三)现场施工进度管理

在工程实施过程中,应根据进度管理原则,实施动态控制,即对工程进展情况进行检查、对比、分析、调整。在施工进度出现偏差时及时上报上级主管部门,及时调整进度计划,并督促施工单位加快进度,以确保进度计划目标的顺利实现。

在施工的全过程,要经常、定期、不定期、全面地对进度的执行情况跟踪检查,发现问题及时采取有效措施解决。

(1)加强施工前准备工作的检查。施工准备工作是否充分、前期施工规划是否到位直接关系到工程施工能否顺利进行。在过程项目或部位、各工序施工前,要加强检查施工设备、人力资源、材料到场、各项措施的落实情况是否到位,只要确保准备工作符合要求,才能使后续工作不受影响。

(2)施工过程中检查。施工过程是施工进度实现的关键阶段,要求施工控制人员深入施工现场,搜集、掌握、分析、汇总与进度有关的资料,对审查批准的施工进度计划执行情况逐日、逐周、逐月监督检查,掌握和落实过程完成情况和工程形象进度、材料供应情况、设备运行情况、人力资源组合情况、施工组织与现场安全、质量情况、停工或窝工情况及其造成的原因等。特别是各施工工序之间的转换,是否衔接紧密,是否能够形成“小流水、大循环”的施工流程直接影响进度目标的实现。

(3)进度计划分析与调整。要保证施工进度与计划进度一致性,就必须进场对计划进度与实际进度进行比较分析。发现实际进度与计划进度不符,即出现偏差时,首先分析原因,分析偏差对后续工作的影响程度,并及时通知施工单位采取措施,通过加大资源投入、采取技术措施、延长工作时间、计划调整等有效办法来弥补损失的工期。

(四)现场文明施工、环境保护管理

总承包部的现场文明施工、环境保护管理工作就是检查落实各施工单位对国家、地方相关法律法规、标准、规定,上级主管部门及总承包部制定的有关文明施工、环境保护文件的执行情况进行检查。

检查落实各施工单位文明施工及环境保护管理体系是否健全,制定是否完善,是否成立专业作业队组织实施各项文明施工、环境保护工作。

检查落实各施工单位施工现场围挡、封闭管理、施工场地、材料管理、现场办公与住宿、现场防火、公示标牌、生活设施是否规范化、标准化。环境保护是否符合国家、地方相关法律法规、标准、规定,是否符合上级主管部门及总承包部制定的有关文件的要求。

1. 文明施工

(1)现场围挡:施工现场应按照规定设置隔离围挡,实行全封闭施工,围挡应坚固、稳定、整洁、美观,并要四周连续设置,横平竖直,横不留隙、竖不留缝。

(2)封闭管理:施工现场进出口必须设置大门,一侧大门套小门,方便施工人员进出,大门内设门卫值班室,并要执行来访人员登记制度。

(3)施工场地:现场场地及道路根据需要采用不同的硬化方式(如采用碎石、道砟和混凝土等),钢筋储存厂及加工厂必须用混凝土硬化,钢筋存放场必须设混凝土台座,其厚度和强度应满足施工和行车需要;现场场地和道路应平坦、畅通,避免积水并设置相应的安全防护设施和安全标志。

(4)材料管理:严格按照施工组织设计中的平面布置图划定的位置堆放成品、半成品和原材料。所有材料应码放整齐,做到散材成方,型材成垛,小散型材料入池或入袋,有材料标识牌。

(5)现场办公与住宿:办公区、住宿区与施工作业、材料存放区应划分清晰,应满足安全、卫生、保温和通风等要求。

(6)现场防火:应针对施工现场可能导致火灾发生的施工作业及其他活动,制订消防安全管理制度。

(7)公示标牌:施工现场主要出入口应设置六牌两图及工程公示牌,六牌两图包括:工程概况牌、消防保卫牌、安全生产牌、文明施工牌、管理人员名单及监督电话牌、环境保护牌、施工现场总平面图、工程效果图。

(8)生活设施:应建立卫生责任制度并落实到人。厨房、厕所应设置在主导风向的下风侧。生活区、办公区与施工现场的施工工作区要有明显的划分界线,并设置坚固美观的导向、警示、宣传等标识。严禁搭建木结构房屋、帐篷、彩条布棚、石棉瓦棚、竹笆或竹夹板围设工棚等违规建筑,禁止利用现场围挡搭建临时建筑物或设施。

2. 环境保护

施工现场必须建立环境保护、环境卫生管理和检查制度,并做好检查记录。施工围挡大门内及每个出入口必须设置洗车池(冲洗槽)和沉淀池,必须配备高压水枪,对进出车辆进行冲洗;装运土石方、建筑垃圾及工程渣土的车辆,必须采取密闭,容器运输,保证行驶中不污染道路和环境,严禁进行凌空抛扔;钻孔或其他施工产生的泥浆,应采用钢构泥浆箱或砖砌泥浆池,禁止用土围堰法或就地开挖泥浆池存放,禁止有泥浆外溢现象;泥浆外运应采用密闭罐车运至指定的弃渣场,禁止沿途溢撒。建筑垃圾、生活垃圾必须分池堆放,日产日清,封闭覆盖,不得外溢。施工现场严禁焚烧各类废弃物;现场应配置专(兼)职保洁员,负责工地内各区域保洁,做到环境卫生,干净整洁。

第七节　费用管理

工程总承包项目费用管理是项目管理的重要内容之一。在签订总承包合同之后，应根据总承包项目的具体情况，在工程设计、采购、施工、试运行等各阶段进行费用管理，把项目费用控制在合同价格之内，保证项目费用管理目标的实现，做到合理使用人、财、物，以取得较好的经济效益和社会效益。

一、一般规定

1. 费用管理的目的

费用管理的目的：在总承包项目实施的全过程中对所有影响工程费用的活动进行恰当而连续的有效控制，从而在保证工期、工程质量和安全施工的前提下，将项目实际发生的费用控制在批准或确定的限额以内。

2. 费用管理的主要任务

工程总承包项目费用管理的主要任务包括：

编制项目的控制估算、预算，以及年度、季度和月度费用计划。

跟踪监测项目各项费用支出情况，分析影响项目费用的各种因素，做出费用分析、预测。

根据分包策略，拟定分包项目的标底，对分包商投标价格、补偿、付款等条款进行审查，并提出修改意见。

负责变更单的记录、审核，在变更费用被批准以后对合同价格做出相应调整。

编制项目年报、月报中的费用部分。

负责收集、整理项目的费用资料、数据，建立完善的档案使用系统和数据库。

二、费用估算

费用估算就是估计为完成项目所需的资源以及所需费用的过程，费用估算是编制费用计划的基础。

费用估算的分类：

工程总承包项目全过程可以划分为项目决策、基础工程设计、详细工程设计、采购、施工、试运行等阶段。随着工程总承包项目的进行，在各阶段开展相应的估算编制工作，即：基础工程设计过程中编制批准的控制估算，基础工程设计完成时编制首次核定估算，详细工程设计完成时编制二次核定估算。总承包合同一般有开口价合同和固定价格合同两种，我国的总承包项目一般签订固定价格合同。开口价合同项目先后要编制三次控制估算，即初期控制估算、批准的控制估算和首次核定估算。固定价格合同项目仅编制一次控制估算，即经总承包企业管理层批准的控制估算。控制估算是项目实施过程中相应各阶段费用控制的基准。

费用估算的审核：

1. 审核内容

各类费用估算是否控制在合同价格之内。

是否根据设计任务书所规定的建设规模、建设内容来编制；编制依据是否充分。

所参照的费用指标是否符合国家或行业规定，有无擅自更改取费标准的现象。

生产能力是否符合批准的设计任务书的规定，工艺设备是否采用先进合理的技术。

各项综合指标和单项指标与同类工程技术经济指标对比，是否合理。

2. 审核工作程序

由合同部会同其他部门进行审核。

审核通过后由项目经理上报总承包企业批准、备案。

3. 审核方法

查询核实法：对一些关键设备和设施、重要装置进行多方查询核对、逐项落实的方法。

对比审查法：用已建成的工程或虽未建成但已审查修正的工程进行对比审查。

三、费用计划

为实施总承包项目费用控制的目标管理，项目经理部必须加强费用计划管理，编制好各级费用计划，以此作为费用控制的基础和依据。

1. 项目费用总计划

合同部费用控制人员根据费用预算，以及项目工作内容和项目管理目标，按照项目费用构成分解编制项目费用总计划，费用总计划表包括：工程费用（按分项工程依次列入）、其他工程费用、预备费。

项目费用总计划是总承包项目的一级计划。项目费用总计划在获得项目经理以及上级单位相关主管部门批准确认后，一般不轻易变动，作为项目费用控制基准。

2. 分项工程费用控制计划

在项目实施阶段，控制部费用控制人员根据项目费用总计划和工作分解结构，将项目按分项工程和会计科目进行总费用分解，作为项目实施过程中费用记录、跟踪和控制的基本单元，为各分项工程费用控制提供依据。

3. 年度费用计划

根据项目的进度计划、采购计划、施工计划，由财务部牵头，会同其他部门编制年度费用计划，年度费用计划由项目经理审定后作为项目当年费用控制目标的依据。

4. 季度和月度费用计划

根据批准的年度费用计划，各用款部门分别编制本部门季度/月度费用计划并提交财务部，由财务部门汇总并编制项目季度/月度费用计划，以安排供应资金。

从1～4的各级计划，其深度适用性随项目工作所处的阶段不同而有所不同。各级计划的编制必须以项目进度计划为基础。

四、费用控制

施工阶段总承包商的费用控制的关键工作如下：

建立费用控制基准。此基准应经项目经理审核批准，并依据施工预算而确定。

超出预算的变更应按规定的程序办理审批手续，所发生的费用应逐项进行估算并记录，其赢得值和实耗值均分别计入相应的工作分解结构（Work Breakdown Structure，WBS）记账码内。除有重大变更需要修改控制基准外，一般变更均不修改控制基准。

由财务部对现场施工费用控制情况进行分析，提出存在的问题和建议，并编写费用控制报告，然后交由项目经理批准。

对于发生的变更索赔事件，注意对一切可能会成为证据的照片、资料加以保管。

合理选择施工分包商，做好施工分包合同管理。

做好施工现场管理、防范风险等工作。

1. 费用偏差分析技术费用/进度综合检测技术

本项目推行的是国际上已广泛使用的赢得值管理技术（Earned Value Management，EVM）。赢得值技术是指引入已完工作量的预算值，用来对项目费用/进度进行综合评估。即在项目实施过程中任意时刻已完工作量的预算值与该时刻此项工作任务的计划预算值进行对比，以评估和测算其工作进度，并将已完工作量的预算值与实际资源消耗值做对比，以评估和测算其资源的执行效果。

（1）基本参数。

用赢得值管理技术进行费用、进度综合控制，基本参数有三项。

计划值（PV），指项目实施过程中对执行效果进行检查时，在指定时间内按进度计划规定应当完成的任务的预算费用，即为按照估算编制的费用控制曲线。

实现价值（EV，赢得值），指项目实施过程中对执行效果进行检查时，已完成的工作量按预算定额结算的费用值。它主要反映该项任务按合同计划实施的进展情况。计算方法是实际工作进度百分比与工作包的预算值相乘。

实际费用（AC），指项目实施过程中对执行效果进行检查时，在指定时间内已完成任务所实际花费的费用值。在每次编制进展情况报告期间，要分别按 WBS 中基本任务单元对照其完成工作量，分别记录其实际消耗的人工时数或费用值。按照 WBS 逐级汇总，并向上一层累加，获得不同层次的费用实际消耗值。

（2）进度偏差。

进度偏差 SV = EV − PV，由于两项参数均以预算值作为计算基准，所以两者之差，反映项目进展的进度偏差。

SV = 0，表示实际完成工作量等于计划预算值，即符合计划进度。

SV > 0，表示实际完成工作量超过计划预算值，即进度提前。

SV < 0，表示实际完成工作量小手计划预算值，即进度滞后。

(3)费用偏差。

费用偏差 CV = EV - AC,由于两项参数均以已完工作为计算基准,所以两项参数之差,反映项目进展的费用偏差。

CV = 0,表示完成某工作量时,表示实际资源消耗等于计划值。

CV > 0,表示完成某工作量时,实际资源消耗低于计划值。

CV < 0,表示完成某工作量时,实际资源消耗高于计划值,即超预算。

(4)费用/进度综合检测的基础。

项目严格的科学管理是进行费用/进度综合检测的基础。为建立这一基础,应完成下列各项工作:

①建立项目工作分解结构;

②编制切合实际的工作进度计划;

③确定人工时和费用的预算;

④建立完整的质量保证程序。

2. 费用/进度执行效果趋势预测

费用/进度执行效果的趋势预测是通过原因分析,对趋势进行预测,预测项目或某项任务完工时的实际结果,以便在项目执行过程中能及时提供这方面的信息,提早进行相关控制和管理。预测按照完成情况估计在目前实施情况下完成项目所需的总费用(EAC)的方法有以下三种:

EAC = 实际支出 + (总预算成本 - EV) × (EV/AC)。这种方法通常用于当前的变化可以反映未来的变化时。

EAC = 实际支出 + 对未来所有剩余工作的新的估计。这种方法通常用于当过去的执行情况显示了所有的估计假设条件基本失效的情况下或者由于条件的改变原有的假设不再适用时。

EAC = 实际支出 + 剩余的预算。适用于现在的变化仅是一种偶然的、特殊情况,一般认为未来的实施不会发生类似的变化。

3. 费用偏差的纠正

(1)费用偏差原因分析。

利用费用偏差分析技术,将各种可能导致偏差的原因列举分类,并综合分析。

分析每种原因发生的频率(概率)及其影响程度(平均绝对偏差或相对偏差)。

编制费用偏差原因综合分析表。

(2)纠偏措施。

组织措施,明确费用管理人员的任务。

经济措施,应从全局出发考虑问题,检查资金使用计划有无保障,是否与进度计划发生冲突及制定奖惩办法等。

技术措施,对不同的技术方案进行技术经济分析后加以选择。

合同措施,主要进行索赔管理。

第八节 成本管理

一、一般规定

(一)体系制度建设

组织建立健全项目全面成本管理责任体系。总承包部是成本的管控中心,项目经理部是成本的实施中心。项目经理部需成立成本控制管理领导小组,制订成本管理办法和成本管理实施细则。

(二)职责分工

1. 总承包部

(1)总承包部制定成本管理办法,负责项目全面成本管理,根据股东会的决议确定目标成本,对项目的利润指标进行管控。

(2)合同管理部负责对劳务分包和机械分包统一招标模式,统一限价。限价是基于确保目标利润率的基础上来确定。

(3)物资设备部负责对构成工程实体的主要材料组织统一招标采购,通过集中采购方式提高采购效率,降低采购价格,实现对采购单价的限价管理目标,最大限度降低采购成本。

(4)合同管理部推行各总承包部实施限量消耗、限额消费和成本责任包干。

(5)工程管理部从项目组织、项目管理方面做好策划工作。不断优化专项施工方案,实现资源的最优配置和高效使用,最大限度降低工程成本;加大科技创新,例如优化混凝土配合比等节约成本。

(6)现场管理部根据实施性施工组织设计对不同阶段的人力、设备等资源等进行组织管理。

2. 项目经理部

(1)制订成本管理实施细则,根据与总承包部签订的经营责任书确定成本目标。将成本指标层层分解,落实到各部门。

(2)执行总承包部下发的劳务分包和机械分包限价,以控制成本。

(3)对非总承包部组织招标的材料,按照总承包部下发的招投标管理办法和各上级单位的相关规定实施招标采购,以控制材料成本。

(4)加强现场材料的限额领料和材料核销的管理,各项目经理部制定限额领料管理制度和工作流程,确定限量消耗指标、限额消费指标和成本责任承包指标,作为开展成本管控的依据,使成本管理责任得以落实。在经营活动分析中定期检查修正成本预算指标。

(5)项目经理部做好专项施工方案的编制和批复工作,对于结算收入影响的技术措施费和组织措施费,做好方案与施工结算相一致;加强现场设计变更的管理,及时完善相应变更程序;加强现场签证工作,及时完善签证手续。最大限度提高结算收入,以确保满足成本利润率。

(6)加强对下分包结算工作,做好对上结算和对下结算相对比,避免工程量和单价倒挂。

(7)加强项目管理人员的管理,人员适度;对管理费用实施有效控制。

(8)项目经理部的成本管理应包括目标成本测算、成本计划、成本核算和成本管理分析。

二、项目目标成本测算

总承包部结合项目特点制订了成本测算的一套表格,分为项目总成本测算汇总表、工程量清单分解表、劳务分包项目测算表、专业分包项目测算表、材料采购核算表、机械费测算成本表、措施费用核算表和组织措施费用核算表。

(一)目标收入的确定

(1)市政工程项目合同结算模式为据实结算,无具体的收入金额,在成本测算时根据施工组织设计和专项施工方案,结合施工图纸和相关定额编制施工图预算,经总承包部和项目公司审核后按审核的施工图预算来确定总收入。

(2)成本测算时的收入根据预计施工的承包情况分解为劳务分包、专业分包、材料费、机械费、安全文明施工措施费、规费、管理费、利润和税金几项内容,与实际发生的各项费用相匹配,以便成本分析时收入与成本匹配起来,便于分析盈亏点,为后续纠偏做好基础对比。

(3)收入分解时注意在劳务分包或专业分包中包含了部分材料和部分机械费用,在后续的材料费和机械费的测算中需要扣减,不得重复计算。

(二)目标成本的确定

(1)劳务分包和专业分包按施工部位(桩基、承台、墩台、箱梁等)进行成本测算,工程量按照预计发生的消耗量计取,单价按相对应分包项目单价或总承包部限价进行测算。

(2)材料费的测算:按施工部位测算主要材料和主要周转材料的预计消耗量和预计采购费用或租赁费用。

(3)机械费的测算:分自有机械和租赁机械测算机械使用费,主要分析燃料动力费的消耗情况。

(4)安全文明施工措施费:根据安全文明施工的相关文件预测将要发生的费用。

(5)规费:根据项目的人员情况预测社会保障费、住房公积金和意外伤害保险费用。

(6)管理费:预测总承包部层次的管理费用,各上级单位的管理费和总承包等费用不在此处预测,预留在目标利润中。

(7)税金:以收入金额预测税金。

(三)目标利润的确定

目标利润不低于总承包部和各项目经理部签订的经营责任目标,必须满足董事会决议的目标利润率要求。总收入与总成本对比分析利润率,各单位测算需满足董事会的目标利润率要求。

三、成本计划

项目目标成本测算完成后，收集整理施工组织设计中的年度、季度施工进度计划，根据年度、季度施工计划将目标成本分解至每个季度，按照施工部位将计划分解。成本计划的模式与目标成本测算相同。

四、成本核算

按季度进行成本核算，成本核算时按照实际完成的工程量和实际发生的各项费用进行核算。核算模式与成本计划和成本测算相同。

五、成本管理分析

根据实际完成的工程量调整成本计划，将计划的成本与实际成本的工程量相匹配，在同量的基础上进行分析对比。按照"人、材、机"和管理费用等采用量价对比的分析方法，分析成本计划与成本核算的偏差，对实际核算成本与计划成本的节约、超耗进行对比分析，提出整改措施及对下阶段责任成本控制目标进行修订。同时分析出实际完成工程量与计划工程量的偏差原因。

随着工程结算的进展，根据外部审计的原则和实际完成的工程量调整本季度的结算收入，与成本核算进行量价分析对比，分析盈亏情况是否满足目标利润，对存在的问题提出改进措施。

第九章　项目资源管理

第一节　人力资源管理

一、总承包部团队建设

团队是由各成员组成的，为实现项目目标而协同工作的组织，团队工作是否有效也是项目成功的关键因素，任何项目要获得成功必须要有一个有效的管理团队。团队建设涉及很多方面的工作，如团队能力建设、团队士气激励、团队成员的奉献精神等。在总承包部人员获取工作完成之后，根据人员分配情况，为了尽快适应新模式的转变，注重人员的培训开发，针对项目的工程特点，采取不同的培训方式，培训内容涉及总承包管理的各方面，确保培训的实效性。

在总承包部对于用人主要坚持两个原则：一是，确立任人唯贤的原则；二是，确立用人所长原则。此过程确保了获取人力资源的质量和数量，根据既定的目标任务设置工作岗位，科学合理地配备人力资源，明确每名成员的工作职责、权限和具体工作任务，调动其工作的积极性和主动性，实现人力资源和工作任务之间的优化配置，并对团队个体成员进行管理、约束和激励。在项目进程中不断进行沟通、协调、修正，从而实现高质量管理。加强沟通协调营造积极向上的项目管理文化，充分调动项目成员的积极性、主动性和创造性，开发并释放人的内在潜能。

二、工作绩效评价

有效的激励机制直接关系着员工的工作积极性，因此总承包应根据自身的特点制定有效的激励机制。对于参与总承包项目的员工，更应该及时了解其工作环境，实施有效的激励，从而有效调动项目工作人员的积极性，增加项目团队的凝聚力。而绩效评价是定期考察和评价项目组织成员业绩的一种正式制度，是人力资源中一项不可缺少的工作，也是一项棘手的任务，如何做好绩效评价是一项艰巨的任务，并以此为核心对员工的发展需要、提升、增加工资、转岗等问题做出决策。

绩效管理的目的是确保员工的项目活动及项目产出能够与项目目标保持一致，同时，绩效管理的过程也可以看作一个循环，可以把循环周期分为四步：绩效计划、绩效实施与管理、绩效考核和绩效反馈。

绩效评价的具体实施可分为：考评计划的制定、考评者的培训、考评资料的搜集、考评结果的分析评价、考评结果反馈五个步骤。

(1)考评计划的制订。要保证绩效考核的顺利实施，首先要制订一份完整的考评计划，主要包括考评目的的确定和考评标准的设置。

(2)考评者的培训。考评者主要为班子成员及部室负责人,考评者的水平如何,将会影响整个考核过程。如果考评者不能正确理解考评项目,准确把握考核标准,严格实施考评,那么,再好的制度也是形同虚设。因此在考评前,我们对考评者进行培训也是非常重要的。

(3)考评资料的搜集。在实施考评前,为了确保资料的全面性、准确性,资料的搜集应注重长期搜集(如考勤、工作成果)和随时搜集(临时任务完成情况)。

(4)考评结果的分析评议。这一阶段的任务是对员工个人的德、能、勤、绩等做出综合性的评价。

(5)考评结果反馈。绩效考评反馈作为绩效考评的最后一个环节,同时也是绩效管理的一个关键环节。

根据考评情况向员工反馈考评结果,帮助员工进行适当、明确的指导,从而达到提高员工个人和项目整体绩效的目的。

绩效考评指标是用于考评和管理被考评者绩效的定量化的标准体系。对于管理者来说,设定绩效考核指标对员工绩效进行管理是他们实施管理的需要,如果没有绩效考核指标就无法得知什么是所期待的目标,无法对现状进行评估,无法了解现在的绩效表现与期望是否有差距,因而无法提高绩效。对于管理者来说,主要是从人、财、物、时间及工作态度等方面进行绩效考评。

三、薪酬制度的确定

合理、科学的工资报酬福利体系关系到员工队伍的稳定与否。主要从员工的资历、职级、岗位及实际表现和工作成绩等方面,来为员工制定相应的、具有吸引力的工资报酬福利标准和制度。工资报酬应随着员工的工作职务升降、工作岗位的变换、工作表现的好坏与工作成绩进行相应的调整,不能只升不降。对项目员工进行奖励,不能全部依靠薪酬政策,不可否认,经济政策在激励员工的工作热情和工作效益等方面也起着非常重要的作用。

在项目中,一个人做出成绩并取得报酬后,他不仅关心自己所取得的绝对量,而且关心自己所取得报酬的相对量,因为,他要进行种种比较来确定自己所获的报酬是否合理,比较的结果将直接影响今后工作的积极性。这种比较划分为两大类:一种是“横向比较”,即将自己获得的“报酬”(包括薪金、工作安排及获得的赏识)与自己的投入(包括教育程度、所做努力、用于工作的时间、精力和其他无形损耗等)的比值与项目内其他人做比较,只有相等时才认为公平;另外一种是“纵向比较”,即把自己目前投入的努力与目前所获的报偿的比值,同自己过去投入的努力与过去所获回报的比值进行比较,只有相等时他才认为公平。

在任何项目中做到绝对的公平是不可能的,为使其尽量公平,达到项目干系人的目标,总承包部采取的主要措施有:

(1)在薪金的数量方面,依据所属单位类似的标准发放,并根据绩效考核标准确定相应的奖金数量。

(2)在薪金发放方面,采取公开发放薪酬与奖励薪酬模式相结合的方法,尽量避免由于薪金的发放而造成的不信任感和公开发放可能会造成员工主观上的“不公平感”。

(3)建立公平的奖惩制度,在管理过程中,从人员制度管理和奖惩方面制定完备的制度并严格落实,满足成员渴望公平的心理需求,起到激励的作用。

(4)对决策和管理进行公开,不搞暗箱操作,采用民主的方式让员工参与决策,致力于建立平等的内部环境。

通过评价绩效评价,诊断项目管理中存在的问题,将信息反馈到组织和个人,为项目优化人力资源管理提供依据,提升管理能力,保证实现管理目标。

四、员工培训

员工培训是人力资本增值的主要方法,是人力资源管理的核心任务之一。培训是提高人力资源素质的重要技术手段,高质量的培训是最合算的投资,通过培训,保证各项目标的实现,以干促学、学用相长。

(1)制订合理的培训计划,为总承包部发展培养人才,根据不同阶段的工作需要,制订切实可行的人力资源培训计划,培育合适的人才。

(2)树立全员培训的观念。培训工作不仅针对新员工或者基层管理者,而且从基层管理者到中高级管理者都需要接受培训,只不过是培训的内容、方式和形式有所不同。

(3)选择上进心强的员工进行培训。上进心强的员工有端正的培训动机,在培训时积极性比较高,培训的效果也格外明显,工作技能也能得到提高,工作动力也会加强,培训也是对员工的一种激励。

(4)加强培训的评价反馈工作。培训是向员工传授未来发展所需的技能,因此为保证培训能带来效果,建立评估反馈体系,对培训效果做出评估,为培训计划的改进提供依据。

同时要抓好培训需求分析,科学确定培训内容,根据培训内容确定培训方式和培训效果反馈。根据实际需要和员工自身发展需要,确定对哪些人进行培训,确保培训工作针对性,提高培训质量和效果。

同时,总承包部人力资源管理本着“以人为本”的管理思想,提升人力资源的管理地位,提高人力资源的管理水平,开发建设人力资源潜能。提高人力资源管理水平,有利于整体素质的提高,从而获取竞争优势。大力推行人性化的管理理念,尊重他人的愿望、爱好和行为方式等,提供使人心情舒畅、健康的环境和条件,一个好的管理方式不应是过去的命令式,关注员工家庭生活与工作生活的质量、家庭与事业的平衡,被认为是一种更加符合人性的、更有利于提高员工奉献精神的现代化管理理念。

第二节　施工队伍及劳动力的组织

施工队伍的选择要充分考虑工程的特点,综合考虑工期目标和施工工艺方法等,以结构合理、高效精干、技术素质高、专业对口、施工经验丰富、工种搭配科学合理的原则进行配备。

施工队伍必须是在工程总承包企业登记注册的合格劳务单位,项目经理部对其进场作业人员要进行登记造册管理,进场的每位劳务工身份证复印件、上岗证复印件必须备案,新进和退场人员必须及时上报项目经理部备案,实行动态管理。

一、岗前培训

为确保工程施工安全和质量,所有施工人员进场前必须经过培训,并经考试合格后持证上岗。

各施工人员进场后,在正式施工前,由项目经理部组织,针对施工的具体工程项目,对施工人员进行岗前培训,明确设计标准、技术要求、施工工艺、操作方法和质量标准等,施工人员经培训合格后上岗。

在施工过程中,开展劳动竞赛、技术比武和安全评比等活动,保障社会治安,保护周边环境。

二、劳动力组织

施工队伍、各工种劳动力上场计划根据工程施工进度安排确定,施工人员根据施工计划和工程实际需要,分批组织进场。在施工过程中,由项目经理部统一调度,合理调配人员,确保各施工队、各工种间相互协调,减少窝工和施工人员浪费现象。工程完工后,统一安排,分批安排多余施工人员退场。

三、特殊时期劳动力保证措施

(1)农忙季节:进行思想动员,让每位参建人员明白工期和信誉对本单位的重要性,提前安排好家中的农活,做到农忙季节不回家,同时对坚持施工的人员给予一定的农忙补贴,让其安心工作。

(2)春节期间:员工若回家过年,会给工程进度带来很大的影响,因此必须做好节日期间的施工安排,确保施工正常进行的条件下,有序安排员工在春节期间轮流休假;采取特殊津贴,让他们提前安排家中生活,以安定人心,确保有足够的人员坚持工作,使各项工序正常进行;提前安排、调整劳动力数量,必要时可下达强制性劳动力数量指标来保证劳动力人数。

第三节 资金管理

在总承包项目实施过程中,财务资金管理作为项目管理的一部分,通过与各方面的互相联系、互相协作,完成项目财务目标,同时协助其他部门完成相应的目标,为项目提供服务。

在企业的财务活动中,资金始终是一项值得高度重视的、高流动性的资产,因此资金管理是总承包项目财务管理的核心内容。“现金为王”一直以来都被视为企业资金管理的中心理念。企业现金流量管理水平往往是决定企业存亡的关键所在。面对日益激烈的市场竞争,总承包企业面临的生存环境复杂多变,通过提升企业现金流的管理水平,才可以合理控制营运风险,提升企业整体资金的利用效率,从而不断加快企业自身的发展。

总承包业务应该以资金筹集为基础,通过以下几个方面加强项目的资金管理业务。

一、资金筹集

国内总承包工程项目一般规模较大,决定了总承包项目运作需要大量充足的资金作保证,其资金主要来源包括自有资金、项目预收款、借入资金。对于自有资金,只有项目加强管理和运营,利润增加了,才能增加自有资金的数量;对于项目预收款应及时收取,以缓解项目前期的资金需求,减少借入资金的数量;对于借入资金,应建立良好的企业信誉,充分利用银行的信贷资金,由企业总部统一对外融资,其较强的综合经济实力、具有规模优势的资产、较高的还本付息保障,较容易争取到银行信贷支持,并可能享受简化手续、降低利率、费率和保证金率等诸多优惠。

二、资金管理

总承包工程企业普遍存在企业流动资金紧张,而大量采购、施工急需资金,为加强资金管理,应做到以下三个方面。

(一)资金管理集中化

要牢固树立资金管理是企业管理中心环节的观念,要建立起适合经营特点的资金运行管理机制。

(1)统一银行开户管理,确保货币资金安全。项目单独开立账户,集中结算,全面监控资金收付。统管资金,统一调配使用资金,加强对项目现金的管理。

(2)推行全面预算管理,严格控制事前、事中资金支出,保证资金的有序流动。全面预算管理是对项目运作的各环节实施预算的编制、分析、考核,把项目活动中所有的资金收支均纳入严格的预算管理之中。对于总承包项目而言,可按设计、采购、施工及其他制定预算,重点是采购及施工费用预算,其占到项目预算金额的80%左右,按月、季、年编制相关的滚动收支预算,保证现金流正常,为项目成功运作提供保证。

(二)加速资金流转,提高资金使用效率

加强国内工程项目流动资金的管理,提高资金使用效率,对提高总承包项目效益有非常重要的意义。加强项目资金流转的措施主要有以下几个方面:

1.加强保函保证金的管理

现在国内项目大部分建设单位发包工程时,都要求提供相应的银行保函作担保。一般情况下,项目需要开出4种保函:投标保函、预付款保函、履约保函、质保金保函。尽量在银行提供的授信额度内开出,节约费用,提高使用效率,若银行要求提供高比例保证金抵押,对于总承包企业资金压力影响较大。投标保函,金额相对较低,时间较短,可提供100%的现金

抵押开具；预付款保函及履约保函，由于金额较大、时间跨度较长，风险相对较大，保函开出银行一般都要求不同比例的保证金抵押，一般是30% ~100%。

降低保证金的资金占用和成本的方法有：①尽力降低保函的手续费用；②保函保证金可根据时间长短，采用定期存款的方式，增加利息收入，降低成本；③预付款保函额度，随着预付款分期偿还而逐步降低，可根据实际情况，变更保函合同，逐步降低保函手续费用；④保函到期，应及时收回保函原件并及时退还保函开出银行，解冻保证金。

2. 及时收取预付款

一般工程有预付款，开立了预付款保函后，根据合同应及时完善手续，尽力早日收取预付款。这样就可以解决项目前期费用和设备、物资采购的资金需求。

3. 及时收取工程进度款

工程开工后，承包商应按合同规定，每月按实际工作量提交合同规定格式和内容的月报表。由于合同规定从支付报表经建设单位批准到工程款支付日的时间间隔一般较长，因此承包商应想方设法争取建设单位早日付款，解决项目中需支付的采购及施工等资金需求。

4. 早日办理工程结算与决算及时收回质量保证金

应根据合同规定，承包商应尽早提交合同结算资料，同建设单位积极沟通创造决算条件，决算后才具备收取质保金条件。质量保证金，由建设单位再次支付时从应付给承包商的款项中扣除，比例一般为5% ~10%。承包商应根据合同规定，提交质保金保函的，在提交保函同时收取质保金，在工程质保期满后，向建设单位索回全部质保金或收回质保金保函。

5. 及时收回索赔款

承包商对建设单位的索赔主要是由建设单位违约（如逾期付款）或非承包商自身原因（不可抗力）引起的。承包商应让参与项目人员熟悉总包合同中相关索赔条款，在执行合同过程中收集相关证据材料，当合同规定的索赔情况出现时，承包商应在规定时间内向建设单位发出索赔通知，并提交索赔数额和索赔依据等详细资料，索赔一经确认，应落实相关责任人及时催收，保证索赔权益的实现。

（三）加强资金监管，保障工程顺利进行

（1）总承包部要认真履行职责，及时了解掌握工程建设情况，加强资金管理，对经济活动实施会计监督。对违反国家规定使用资金的，财会人员应及时提出书面意见，有关领导仍坚持其决定的，财会人员应当继续向上级主管部门反映情况。财会人员明知资金使用不符合规定，不予制止，又不向有关领导反映的，应承担相应责任。

（2）总承包部要求项目建设资金必须用于与本项目施工生产活动有关的活动，严禁挤占、挪用、拆借项目建设资金，严禁对外投资，或是为其他单位或个人提供担保。根据资金监管工作需要，施工单位必须在总承包部（项目公司）指定的银行开立资金结算专户（临时账户），将项目建设资金专户储存、专款专用。除建设资金结算账户外，禁止另立账户、多头开户；禁止不同标段共用一个账户。施工单位开立账户后应开通网上银行业务，向总承包部授予查询权限，总承包部指定专人定期对施工方账户的资金收支和结余情况进行检查。

(3)为维护社会稳定,确保农民工工资及时发放到位,总承包部要求施工单位设立农民工工资保证金专用账户,施工单位将农民工工资保证金存入该专用账户接受监督管理。施工单位应建立健全农民工工资支付相关管理制度,采取有效措施,确保农民工工资发放到位。

第四节　设备、材料资源管理

一、设备、材料资源管理综述

(一)设备、材料资源管理的意义

(1)搞好设备、材料资源管理是保证项目圆满完成的先决条件。

(2)搞好设备、材料资源管理是提高工程质量的重要保证。

(3)搞好设备、材料资源管理是保证进度目标的实现。

(4)搞好设备、材料资源管理可以大大降低成本,增加盈利水平。

(二)设备、材料资源管理的理念

(1)按时、按质、保量、经济合理地组织项目设备、物资的供应,确保工程建设顺利进行。

(2)应建立制度完善、流程清晰、管理有序、运转有效、保障有力的设备、物资管理体系。

(3)应落实以合同为核心、以质量为根本、以安全为基础、以保障为前提的设备、物资管理思想。

(三)设备、材料资源管理的任务

(1)保证资源适时、适地、按质、按量、成套、齐备地供应。

(2)节省资源采购和保管费用。

(3)合理使用资源,减少资源损耗,降低资源成本。

(四)设备、材料资源管理的主要过程

(1)需求计划的编制。需求计划应当包括需求物资的品种与规格、数量与质量、供应进度和数量、资源资金的需要量和来源。

(2)资源订货或采购。在市场经济中,该过程必须在市场中进行,按采购理论科学进行操作。

(3)资源现场管理。包括:验收与试验、现场平面布置、库存管理、使用中的管理。

(4)资源核算。包括:上述过程的核算、项目材料资金的结算、材料成本的核算等。

二、设备、材料资源管理制度

为加强资源管理工作,切实做到科学、合理地使用资源,坚持“确保质量、满足需要、降低成本”的原则,使资源管理工作做到职责清晰、奖罚分明。故总承包部和项目经理部进行职责划分,制定如下管理制度。

(一)组织机构

(1)总承包部的设备物资管理实行以总承包部为指导、以项目经理部为管理中心和运营主体的设备物资管理体系。总承包部对项目经理部设备、物资管理工作进行指导、监督、协调、服务。

(2)项目经理部结合本单位的实际情况和管理工作要求,完善设备、物资管理制度并组织实施。

(3)项目经理部的设备物资管理要按照相应的质量体系程序文件运行,按机械设备、物资的作业文件执行,并做好相应记录,使设备物资管理规范有序、管理全过程的质量得以有效控制。

(4)总承包部设备物资部是总承包部设备物资管理的职能部门,负责总承包部设备物资管理的指导、监督、协调和服务。

(5)项目经理部应设立设备物资管理部门,负责本项目设备物资管理工作。

(二)总承包部设备物资部职责

(1)负责拟订总承包部设备物资资源的现场管理并组织实施。

(2)负责总承包部设备物资资源的优化配置工作,并组织实施。

(3)负责拟订总承包部设备物资管理的规章制度,督促实施并检查考核。

(4)负责贯彻执行上级管理部门各项设备物资管理制度落实。

(5)组织进行总承包部内设备物资的调剂工作,协调所属项目经理部间的设备物资业务关系。

(6)配合安全管理部门对设备事故的调查处理。

(7)监督检查各项目经理部大型设备、特种设备的使用管理工作。

(8)根据大型设备、特种设备配置方案及设备进场情况,对项目经理部大型设备、特种设备台账备案,掌握本工程大型设备、特种设备的使用和分布情况,配合安全部门对大型设备、特种设备进行安全检查并跟踪检查结果的落实情况。

(9)负责收集汇总上报上级主管部门规定的各种设备物资统计报表。

(三)项目经理部设备物资部职责

(1)贯彻执行有关设备物资管理的方针、政策、法规和总承包部有关设备物资管理的规定。

(2)负责建立和完善本单位设备物资管理的各项规章制度,并组织实施。

(3)负责拟订本单位设备物资资源的管理并组织实施,组织编制施工设备的使用购置计划,负责对本单位施工设备进行监督管理。

(4)负责本单位设备物资资源的优化配置工作,并组织和协调本单位设备物资的调剂工作。

(5)提出本单位有关物资设备先进管理经验和管理办法,并负责具体实施。

(6)负责组织本单位重大及以下设备事故的调查和处理,参与总承包部组织的设备事故调查。

(7)负责建立健全本单位设备物资管理考核制度,并执行对所属单位设备物资管理工作的监督、指导、考核。

(四)设备资源管理

(1)项目经理部的设备管理要按照综合管理的方针,坚持技术与经济相结合的原则,优化配置资源的原则,规范进行使用、保养、维修的原则,专业管理与全员管理相结合的原则。

(2)项目经理部应按照有关资源配置管理的权限要求进行设备资源的配置,同时在设备配置中遵循“科学合理、低耗高效”的原则,挖掘设备潜力,充分利用资源,合理使用设备,以较低的投入获得较高的产出。

(3)项目经理部应按照大型专用设备管理的要求,科学进行大型专用设备资源的配置,充分利用内部资源和社会资源,控制自有增量,实现本单位大型专用设备资源的有效利用。

(4)项目经理部应根据设备、物资采购招标管理办法的规定进行采购工作。设备物资采购应本着“公开、公平、公正”的原则,在采购工作中做到“过程透明,阳光操作”。

(5)项目经理部应建立、健全设备操作、使用、保养规程和管理制度。应以提高设备综合效益和设备寿命周期的经济性为前提,坚持“遵章管理、合理使用、正确操作、安全第一”的原则。

(6)大、中型设备坚持定人、定机、定岗,设立人机档案卡和运行记录,人随机走,记录随机转移。大型设备必须实行机长负责制。设备操作人员必须经过技术培训,经考试合格后获得操作证;属于从事特种机械的操作人员必须获得“特种作业操作证”。持证上岗,严禁无证操作。

(7)项目经理部应根据本单位设备的特点建立设备维护保养制度,严格执行并做好相应记录。

(8)项目经理部根据本单位设备的构成和特点建立健全设备大修制度,完善审批、实施程序并建立设备维修档案,在大、中型设备中应逐步推行故障诊断、状态监测,实行状态检修(Condition Based Maintenance,CBM)方式。

(9)项目经理部应在大、中型设备管理上逐步建立单机(车)核算制度。把寿命周期费用(Life Cycle Cost,LCC)、全面生产管理(Total Productive Management,TPM)的理论应用于管理实际,全面推行设备的精细化管理。

(10)项目经理部在特种施工设备管理中,应按照国家有关特种设备的管理规定进行,外部租赁设备和设备作业人员同样纳入项目经理部设备管理体系之中。

(11)项目经理部应建立和完善设备管理考核制度并作为责任制考核内容。

(12)项目经理部将进场施工设备及工器具清单上报所属监理单位进行审核确认,监理审核签字完成后每月 25 日装订成册上报总承包部物资设备部备案。

(五)特种设备资源管理

(1)项目经理部特种设备需取得国家相关部门的使用许可证后方可使用。新购和转场的需重新安装的起重设备,按照《工程建设安全管理手册》有关要求执行,必须经过试验和安全检验,并经当地技术监督部门验收合格后才能正式投入生产。

(2)特种设备在安装前,项目经理部应持有以下产品的安全技术资料:

①生产单位相应产品生产许可证;

②出厂产品质量合格证;

③产品监督检验证明;

④设计文件;

⑤安装及使用维修说明书(文件)。

(3)特种设备在投入使用前或投入使用后 30 日内,项目经理部应当向当地直辖市或社区的市特种设备安全监督管理部门登记。登记的标志应当置于该特种设备的显著位置。

(4)项目经理部应当建立特种设备安全技术档案,内容如下:

①制造单位、设计文件、产品质量合格证明、检验检测证明、使用维护说明、技术资料等产品文件;

②安装技术资料和监督检测合格文件;

③定期检验和定期自检记录;

④日常使用状况记录;

⑤特种设备及其安全附件、安全保护装置、测量调控装置及有关附属仪器仪表的日常维护保养记录;

⑥特种设备运行故障和事故记录;

⑦特种设备制作、安装、改造、维修及定期检验的登记文件。

(5)项目经理部对特种设备在使用过程中应当至少每月进行一次自行检查,发现异常情况,及时处理,并做好记录。特种设备在使用运行中出现故障或者发生异常情况,使用单位应当进行全面检查,情况紧急时,应停止使用,经消除事故隐患后,方可重新投入使用;不准超负荷或带病运行。

(6)项目经理部应当根据使用情况,对特种设备的安全附件、安全保护装置、测量调控装置、有关附属仪器、指示仪表等进行定期校验,及时维修、更换,并做好记录,保证各种附件、装置、仪表齐全、灵敏、准确、可靠。

(7)项目经理部应根据施工生产实际和特种设备使用运行场地环境状况,制定相应的防倾翻、防坠落、防火、防爆、防泄漏的安全措施和事故应急措施、救援预案,组织落实、配备相应的营救装备和救急物资,预防特种设备在使用运行中各类事故的发生,或将事故损失减少到最低程度。

(8)项目经理部应当按安全技术规范定期检验的要求,对使用运行到安全检验期的特种设备及时进行定期检验。其安全检验周期以《特种设备安全监察条例》为准。定期检验由国务院特种设备安全监督管理部门核准许可的检验检测机构按照安全技术规范的要求进行检验。未经定期检验或者检验不合格的特种设备,不得继续使用。

(9)特种设备存在事故隐患,无改造、维修价值或者超过安全技术规范规定使用年限,各项目经理部应当及时将其报废,办理注销手续。使用单位对停止使用的特种设备应当做好维修保养封存工作,拆除转移进库时应有相应的技术方案和安全技术措施。

(10)为进一步规范特种设备和大型设备系统管理工作,加强特种设备的安全管理,全面预防机械设备事故发生,确保工程项目安全生产的持续稳定,要求项目经理部在所有特种设备、大型设备进场前须在总承包部物资设备部备案审验方可使用,没有通过审验的设备禁止在工程项目上使用。

(六)特种设备作业人员管理

(1)为了规范特种设备作业人员的安全管理,预防和减少特种设备作业事故,特种设备作业人员必须实行持证上岗。

(2)特种作业是指容易发生人员伤亡事故,对操作者本人、他人及周围设施的安全存在重大危害因素的作业。

(3)根据《特种设备作业人员作业种类与项目》目录,特种设备作业人员是指:锅炉、压力容器(含气瓶)、压力管道、电梯、起重机械、场(厂)内机动车辆等特种设备的作业人员及其相关管理、维修人员。

(4)项目经理部是特种作业人员管理的主体,总承包部对所属项目经理部的特种设备作业人员管理进行监督及协调管理。项目经理部人力部门负责特种设备作业人员的证件及档案管理;综合管理部门负责劳动保护用品的管理及发放;安全监管部门负责特种作业的监督管理。

(5)特种设备作业人员必须经过专门的培训并考核合格,取得特种作业操作证后方可上岗作业。

(6)特种设备作业人员应经县级以上质量技术监督部门培训考核合格,取得特种设备作业人员证后,方可从事相应的作业或者管理工作。房屋建筑工程和市政工程的起重机械安装拆卸工、起重信号工、起重司机、司索工等特种作业人员,应经建设主管部门考核合格并取得特种作业操作资格证书后,方可上岗作业。

(7)申请《特种设备作业人员证》的人员必须符合以下基本条件:

①年龄在18周岁以上;

②身体健康并满足申请从事的作业种类对身体的特殊要求;

③有与申请作业种类相适应的文化程度;

④具有相应的安全技术知识与技能;

⑤符合安全技术规范规定的其他要求。

(8)特种设备作业人员应掌握本岗位及工种的安全技术操作规程,严格按照相关规程、作业指导书进行操作，有权拒绝违章指挥。

（9）特种设备作业证件按国家和当地政府有关规定进行考试取证、定期复审、换证。

（10）项目经理部应在特种设备作业操作证有效期满前60日内，向发证部门提出复审申请，并提交以下材料：

①社区或县级以上医疗机构出具的健康证明；

②从事特种设备作业的情况；

③安全培训考试合格记录。

（11）项目经理部部应当建立健全特种设备作业人员档案，特种设备作业人员档案的主要内容如下：

①特种作业人员台账；

②特种作业证件、复审记录复印件；

③接受安全教育、培训、考核记录；

④健康检查情况；

⑤安全作业记录；

⑥违章作业和事故记录。

（12）项目经理部安全监督部门应督促特种设备作业人员对周围环境及设备进行定期检查、维护保养，并按规定填写运行、检查和交接班记录，严禁在不具备安全作业条件下进行特种设备作业。

（13）为进一步加强特种设备作业人员的安全管理，全面预防机械设备事故发生，确保工程项目安全生产的持续稳定，要求项目经理部特种设备作业人员进场前须在总承包部物资设备部备案审验后方可上岗，没有通过审验的特种设备作业人员禁止在工程项目上岗。

（七）物资资源管理

（1）项目经理部在物资管理中应遵循"计划采购、定额发料、合理储备、保证经营"的原则。

（2）项目经理部应加强对本单位物资的计划和采购管理，科学制订物资采购计划；规定集中招标采购的，必须进行集中采购；严格采购程序，在采购工作中做到"过程透明，阳光操作"。

（3）项目经理部应对市场价格变动频繁、幅度大、采购量大的自购材料，建立风险评估和采购管理责任机制，科学决策。

（4）项目经理部应制定和完善物资的现场管理制度，严格验收、验证、仓储管理程序，控制主要工程材料的现场加工、运输、使用环节，保证物资的正确合理使用。

（5）项目经理部应制定和完善领用料制度，加强对定额耗量的控制，加强对材料消耗的事前、事中控制，做好单元工程、节点工程和整个工程项目物资统计、核销管理工作。

（6）项目经理部应加强节能减排和环境保护工作，建立能源和资源管理制度，控制相应的燃油、电、水等资源的消耗，提高经济效益。

(7)项目经理部应加强周转性材料的管理,并在设备物资部建立实物账,督促周转性材料的规范使用,提高周转率。总承包部要求各项目经理部每月上报工程项目月度周转材料统计报表。

(8)项目经理部应加强闲置物资的调剂管理,掌握物资动态,建立和完善物资的租赁、让售管理制度,减少库存积压和浪费,提高物资的使用效益。

(9)项目经理部应加强现场报废物资的回收和让售管理,建立相应的内部管理审批、实施、监督制度。

(八)设备物资的安全管理

(1)项目经理部要高度重视设备物资的安全管理,加强职工安全教育和培训,健全和完善设备物资安全操作规程。

设备物资管理部门作为设备物资安全管理责任部门,应配备满足设备物资安全管理必需的管理人员。

应建立、健全设备物资安全管理制度,并作为考核指标,严格奖罚。

(2)项目经理部应加强特种施工设备(起重设备、缆机、锅炉压力容器和压力管道等)的采购、验收、日常检查、定期检验和使用管理,加强对特种设备作业人员的培训,确保特种设备的安全使用。

(3)机械事故的定义和等级。设备凡由于使用、操作、维修、保管不当等原因而引起的非正常性损坏,均为设备事故。设备事故按照事故损失大小进行分类,划分为一般事故、重大事故、特大事故、特别重大事故。

①一般事故:直接经济损失2万~30万元的事故;

②重大事故:直接经济损失30万~100万元的事故;

③特大事故:直接经济损失100万~500万元的事故;

④特别重大事故:直接经济损失在500万元以上的事故。

(4)设备事故的调查处理及处罚。

①对事故的处理,要坚持“四不放过原则”;

②一般设备事故由事故单位自行组织调查和处理,有关事故的全部资料由事故单位完整保存;

③重大设备事故由事故单位自行组织调查,必须立即上报总承包部,并在30日内把事故直接损失及事故处理结果上报;

④特大以上设备事故必须在24小时内上报上级主管部门,派出专业人员会同事故单位赴事故现场组织调查;

⑤对延报、谎报、隐瞒不报或弄虚作假的事故单位,将视其情节轻重对事故单位的第一责任人和有关责任人给予经济处罚和行政处分。

(九)设备物资基础管理评优与考核

(1)总承包部物资设备部每年度应开展各种形式的设备物资管理评优考核活动,以提高设备的完好率、利用率,合理控制物资的消耗,充分调动设备物资管理人员的积极性。

(2)项目经理部应建立规范、完善的设备档案管理制度,保证设备历史资料的完整性和可追溯性。大型设备及特种设备的技术档案必须建立在物资设备管理部门。

(3)设备技术档案应包括产品合格证,设备安装和使用说明,配件目录、随机工器具登记表,设备运行、维修、维护保养记录,调配记录。特种设备必须有定期检验记录。

(4)项目经理部应建立健全设备物资的验收交接、档案、管理和考核制度,制定与设备物资有关的工时、费用、消耗及储备定额。

(5)项目经理部应加强设备物资统计报表的管理,建立健全设备物资统计报表制度。

三、设备、材料资源进场验收

(一)设备、材料资源验收的意义

项目材料验收是指对工程项目所需材料的特性进行诸如测量、检查、试验、度量,并将结果与规定要求相比较,以确定每项特性合格情况所进行的工作。通常材料受各种因素的影响,随时会发生变化,这种变化只有通过检验才能发现。因此,材料验收是材料管理中重要的一环。建筑施工企业物资部门进行材料验收的意义如下:

(1)通过严把验收关,把不合格材料拒之于门外,保证入库材料均是合格品。

(2)通过材料验收及时发现问题,分清责任,及时处理,减少经济损失。

(3)通过材料验收和自检,摸清材料状况,有针对性地采取维护措施,以利于材料保管。

(4)通过材料检验,严把质量关,使不合格的材料不能进行加工和使用,以确保工程质量。

(5)通过材料检验,增强职工的质量意识和质量责任感,提高质量管理的自觉性。

(6)材料验收是划分企业内部和外部的经济界限,具有防止因进料中的差错或因供应单位、运输单位的责任事故造成企业不应有的损失的作用。

(二)设备、材料资源验收的方法

1. 双控把关

为了确保进场材料合格,对预制构件、各种制品及机电设备等大型产品,在组织送料前,由两级材料管理部门业务人员会同技术质量人员先行看货验收;进库时由保管员和材料业务人员再次组织验收,方可入库。对于水泥、钢材、防水材料及各类外加剂实行检验双控,既要有出厂合格证,还要有试验室的合格试验单,方可接收入库。

2. 联合验收把关

对直接送到现场的材料及构配件,收料人员可会同现场的技术、质量人员联合验收,进库物资由保管员和材料业务人员一起组织验收。

3. 收料员验收把关

收料员对地材建材及有包装的材料产品,应认真进行外观检验;查看规格、品种、型号是否与来料相符,宏观质量是否符合标准,包装、商标是否齐全完好。

4. 提料验收把关

总承包部或项目经理部两级材料管理的业务人员到外单位及供货商各仓库提送料时，要认真检查验收提料的质量，索取产品合格证和材质证明书。送到现场(或仓库)后，应与现场仓库的收料员(保管员)进行交接验收。

5. 验收结果的处理

经验收，质量合格、技术资料齐全的材料，可及时登入进料台账，发料使用；验收质量不合格，不能接收时，可以拒收，并及时通知上级供应部门或供货单位，与供货单位协商作代保管处理时应有书面协议，并应单独存放，在来料凭证上写明质量情况和暂行处理意见；已进场(进库)的材料，发现质量问题或技术资料不全时，收料员应及时填报"材料质量验收报告单"报上一级主管部门，以便及时处理，暂不发料，不使用，原封妥善保管。

四、施工现场的设备、材料资源管理

施工现场材料管理是建筑企业内部的关键环节和核心内容之一。占工程造价60%～70%的原材料、构配件均要通过施工现场消耗。因此，应做好施工前的准备工作，切实组织好材料进场的验收、保管和发放工作，实行定额用料制度。为了实现材料、器具管理程序化、规范化、标准化，制定如下管理程序及内容：

(一) 施工前的准备工作

(1)平面规划布置要合理、规范。搞好现场材料平面布置规划，在划分材料堆放位置时，要考虑到施工进入高峰时的堆放容量，料场、料库等临时设施、道路、排水沟、高压线路等都要统筹安排布置。料场、料库、道路的选择不能影响施工流水作业，并以靠近使用点为原则，减少二次倒运与搬运。

(2)道路、场地要平整、坚实、畅通，有回旋余地；有可靠的排水措施，料场要平整、夯实、不积水。

(3)临时料库、料棚要有防雨、防潮、防火、防冻、防爆、防晒、防损坏等措施。

(二) 施工过程中的组织与管理

(1)建立健全现场料具管理责任制。现场料具要严格按平面布置图码放，划区分片包干负责，要有责任区、责任人，并有明显标牌。

(2)加强现场平面布置的管理。应根据不同施工阶段、材料资源变化、设计变更等情况，及时调整堆料现场位置，保持道路畅通，减少二次搬运。

(3)随时掌握施工进度及用料信息，搞好平衡调剂，正确组织材料进场。材料进场计划要严密可靠，保证施工需要。

(4)严格按平面布置堆放料具，做到成堆成线；经常清理杂物和垃圾，保持场地、道路、工具及容器清洁。

(5)认真执行材料的验收、保管、发料、退料、回收等管理制度，建立健全原始记录和各种台账，对来料原始凭证妥善保存，按月盘点核算。

(6)严格执行限额领料制度,组织班组合理使用材料,及时检查、考核、验收、结算,对用料节超要奖罚严明。

(三)料具清退及转场

(1)根据工程主要部位(结构、装修)进度情况,组织好料具的清退与转场。一般在结构或装修工程量完成接近80%左右时,要检查现场存料,估计未完工程用料量,调整材料计划,削减多余,补充不足,以防止剩料过多,为工完场清创造条件。

(2)临时设施及暂设工具用料的处理:对于不重复使用的临时设施应考虑提前拆除,为充分利用这部分材料,直接转场到新的工地,以避免二次搬运;对周转料具要及时整修,随时转移到新的施工点或清退入库(租赁站)。

(3)施工垃圾及包装容器的处理:对现场的施工垃圾设立分拣站,要回收、利用及清运,做到及时集中分拣,包装容器应及时回收并组织清退。

五、周转材料的租赁及管理

为了提高周转材料的利用率和企业的综合经济效益,减少资金占用,延长材料使用寿命,促进施工现场材料管理达标,特实行周转材料内部租赁制,规定办法如下:

(一)管理机构

总承包部材料主管部门负责宏观控制、调剂及供应部分周转料具。项目经理部实行一级租赁分级管理的体制。仓库设置租赁站,并编制专职租赁业务人员、核算人员及维修人员,负责周转材料的采购、租赁、发放、保管、维修、核算等工作。项目经理部材料管理部门应设专人负责租赁业务和现场管理的全面工作。各施工单位(租用单位)要设专职或兼职材料人员,负责使用计划的编制和上报,签订租赁合同,办理提退料及结算手续,建立周转材料租赁台账,做好现场租用周转材料的维修、保管及管理等工作。

(二)租赁业务的管理

1.计划申请与签订合同

租用单位对新开工程应按施工组织设计(或施工方案)编制单位工程一次性备料计划,上报上级单位材料主管部门,负责组织备料;租用单位应根据施工进度,提前一个月申报月份使用租赁计划,主要内容包括使用时间、数量、配套规格等,由公司下达给租赁站;上级单位材料主管部门根据申请计划,组织租用单位与租赁站签订租赁合同。

2.提退料、验收与结算

由租用单位专职租赁业务人员按租赁合同的数量、规格、型号,组织提料到现场,材料人员验收;租用单位材料人员应携带合同,租赁站业务人员按合同的品名、规格、数量、质量情况组织验收;连续租用应按月办理结算手续;退料后的结算应根据验收结果进行,租赁费、赔偿费和维修费一并结算收取。

3.验收标准

(1)钢模板:要求板面平整,无大的翘曲,各种边筋齐全完好,正面和背面的水泥块及杂物要清理干净,禁止在板面上打孔凿洞。

(2)钢支柱:要求上下管垂直,配件齐全,表面无杂物。

(3)钢跳板:板面要平整,边筋要垂直,正反面无杂物。

(4)钢管脚手架:无弯曲,无切割或焊接,管面清洁、无杂物。

(5)其他料具:无损坏变形,配件齐全,使用功能正常。

六、材料资源限额领料的管理

为了完善项目法施工管理办法,对项目使用材料进行有效控制,促进材料的合理使用,达到降低物耗、降低工程成本的目的。

凡实行项目法施工的工程,必须实行限额领料,把材料成本降低率和三材节约率作为项目的重要考核内容,实行奖罚兑现。

(一)限额领料的依据

(1)定额站制定的预算定额或本单位制定的材料消耗定额。

(2)技术部门提供的砂浆、混凝土配合比、技术节约措施及各种翻样、配料表等技术资料。

(3)预算部门编制的施工图预算,工长签发的施工任务书。

(4)凡项目上使用的主要材料,都必须限额,如钢材、木材、水泥、油毡、玻璃、砖、面砖以及装修材料和贵重材料等。

(5)限额领料的形式可以多种多样,要根据本单位的具体情况而定,但一定要用料有核算,奖罚有依据,节超有分析,做到基础资料齐全,达到降低材料消耗、促进文明工地建设目的。一般可采用以下形式:分项作为限额单位,对施工班组实行限额领料;以分部工程作为核算单位,对施工班组实行节超奖罚兑现;以单位工程作为考核单位,考核项目材料成本降低率和三材节约率的完成情况,实行奖罚兑现。

(二)限额领料程序

(1)技术部门提供施工组织设和技术节约措施。

(2)由预算部门提供单位工程预算和分部分项工程的材料预算表及工料分析表。

(3)每个单位工程配备一名材料定额员(小的单位工程可以几个单位工程设一名定额员)。由材料定额员根据工长签发的施工任务书套用有关定额,签发限额领料单,交工地材料部门和施工班组料具员,发料和领料。

(4)工地材料部门在接到限额领料单时,要审核无误后,再发料。审核有无材料定额员的签章;审核工程量有无重复或超过预算;审核套用的材料定额有无差错;审核计算有无差错。

(5)因各种原因造成的超限额用料,必须由技术部门提追加单,说明材料超耗的原因,并经主管批准;补签的限额领料单上,注明“超耗”字样,作为超耗数量的凭证。

(6)限额领料单随施工任务书按月同时结算。工程未完已领未用的材料要办理假退料手续;分部分项工程完工后,在结算的同时,工地材料部门应与施工班组料具员办理余料退库手续。

(7)上述手续完成后,立即进行材料节超计算,审核无误后,进行奖罚兑现。节超奖罚金额在材料成本中核算。

(三)限额领料管理要求

项目限额领料要实行有效管理,管理要求如下:

(1)项目经理是项目上实行限额领料的总负责人,负责督促检查限额领料在项目上的实施,对实施情况和效果负有直接责任,实行奖罚兑现。

(2)配备必要的计量器具,对进场、进库、出库材料严格计量把关,并做好相应的验收记录和发料记录。

(3)进场、进库材料必须办理二次出库手续,杜绝以拨代耗,按月对现场材料、半成品、成品进行盘点。

(4)加强项目内业务基础资料管理,建立单位工程耗料台账。

(5)为了加强成本核算,验收工程月报的生产报量必须与材料消耗同步。

(6)上级材料部门定期对项目执行限额领料情况组织检查总结,及时解决限额领料执行中存在的问题。

(四)限额领料检查与考核

对项目实行限额领料情况进行检查与考核:

(1)需要限额的材料都实行了限额领料。

(2)项目建立健全材料账、表、单、记录等内业基础资料,手续齐全,核算及时,数据交圈对口。

(3)项目实行限额领料,节超必须奖罚兑现。

(4)现场材料管理达到文明施工管理标准。

七、材料资源综合节约措施管理

材料综合节约要做到"三坚持",即坚持实事求是的原则,加强物资计划管理,提高计划的准确性;不得粗估冒算,防止因计划不周造成积压、浪费现象的发生;坚持勤俭节约,反对浪费的原则,挖掘企业内部潜力,开展清仓利库工作;坚持计划的严肃性与方法的灵活性相结合的原则,计划一经订立或批准,无意外变化,就必须严格执行。

(一)加强现场管理

(1)加强计量工作和计量器具的管理,对进入现场的各种材料要加强验收、保管,减少材料的缺方亏损,最大限度地减少材料的人为和自然耗损。

(2)加强材料的平面布置及合理码放,防止因堆放不合理造成的损坏和浪费。

(3)搅拌站要严格实行配合比的准确过磅计量,杜绝因配合比不准造成水泥、石料浪费和质量事故。

(4)施工现场设立垃圾分拣站,并及时分拣、回收、利用。

(5)搞好限额领料工作,要按照上级单位“限额领料法”和“限额领料考评标准”的要求认真落实,避免只干不算或先干后算的情况发生。

(6)用经济手段管理好材料,签订材料承包经济合同,严格执行材料节奖超罚制度。

(二)主要材料节约措施

1. 钢材节约措施

增强钢材综合利用效果,钢筋加工向集中加工方向发展,对集中加工后的剩余短料,如制造钢钎、穿墙螺栓、预埋件、U 形卡等制品,应尽量利用。推广应用钢筋冷加工及焊接新工艺,节约钢筋;施工单位要加强完善钢筋翻样配料工作,提高钢筋加工配料单的准确性;加强对钢模板、钢跳板、钢脚手架管等周转材料的管理,使用后要及时维修保养,不许乱截、垫道、车压、土埋;搞好修旧利废工作,对各种铁制工具应及时保养维修,延长使用期限,节约钢材和资金。

2. 木材节约措施

严禁优材劣用、长材短用、大材小用,合理使用木材。拆模后应及时将木模板、木支撑等清点、整修、堆码整齐,防止车轧土埋,尽量减少模板和支撑物的损坏。不准用木制周转料铺路搭桥,严禁用木材烧火;加速木制周转料周转,木模板一般倒用 5 次,木支撑一般倒用 12 ~ 15 次,枕木使用年限为 3 ~5 年,各单位要注意木制周转料的调剂工作,根据木材质量、长短等情况,规定不同的价格,以利于木材周转使用;应尽量采取以钢代木、以塑代木等各种形式节约木材,施工中尽量以钢门窗、钢木门窗、钢塑门窗代替木门窗,以钢模板代替木模板,以钢脚手架代替木脚手架。

3. 水泥节约措施

水泥在运输过程中应轻装轻卸,散灰车运输要往返过磅,卸散灰时要敲打灰罐,卸净散灰。因特殊情况需在风雨天运输水泥时,必须做好水泥苫垫工作;水泥库要加设门锁,专人管理,水泥库内地面应做到防水防潮,水泥不得靠墙码放,距墙不小于 10cm,库内地面一般应高于室外地坪 30 ~ 50cm。在使用时,做到先进先出,散灰要及时清理使用;灌注混凝土时,派专人对下灰工具、模板、支撑进行检查,防止漏灰、漏浆、跑模。各工序要及时联系,防止超拌,造成浪费;对施工操作中撒漏的混凝土、砂浆应及时清扫利用,做到活完、料净、脚下清;搞好水泥纸袋的回收、清退工作,纸袋回收率应达到 95% 以上,完好率达 60% 以上,严禁对水泥纸袋“开膛、破肚”。

(三)降低材料成本管理措施

降低施工材料管理成本,应着重把握六个要点:

1. 推行单线图、排版图的材料计划编制方法

计划管理是工程项目现场材料成本管理的首要环节。所谓单线图是以工程项目的工艺流程或系统图为基础,根据平面、剖面的布置及空间走向所勾画的单线示意图。以管道专业

为例，要在单线图上标出根据平、剖面施工图的直管线长度、材质、规格、管配件型号、数量等。排版图是根据建筑物（房间）的几何尺寸及所需材料的规格勾画的有构件走向、拼缝位置的排版示意图。以镶贴瓷砖为例，要在排版图上排出瓷砖排列方向、拼缝位置、数量等。由于单线图、排版图直观、易懂，能准确计算出所需的材料、构件等，已被安装施工的各专业广泛采用。不仅主材，所有辅助材料的估料也必须有计算依据、计算过程书。采取这种方法所做的施工估料能把好现场材料成本管理的第一关。

2. 运用材料 A、B、C 分类法进行计划审核

材料 A、B、C 分类法是企业材料分类管理的一种方法。运用到建筑安装施工企业，作为对工程项目现场施工估料的审核，就是对施工所使用的各种材料，按其需用量大小，占用资金多少，重要程度分成 A、B、C 三类，审核计划时采取不同的办法。

根据安装工程材料的特点，对需用量大、占用资金多、专用材料或备料难度大的 A 类材料，必须严格按照设计施工图，逐项进行认真仔细的审核，做到规格、型号、数量完全准确。对资金占用少、需用量小、比较次要的 C 类材料，可采用较为简便的系数调整办法加以控制。对处于中间状态的通用主材、资金占用属于中等的辅材等 B 类材料，施工估料审核时一般按常规的计算公式和预算定额含量确定。

3. 在做好技术质量交底的同时做好用料交底

施工技术管理人员除了熟悉施工图纸，吃透设计思想并按规程规范向施工作业班组进行技术质量交底外，还必须将项目经理部的施工估料意图灌输给班组，以单线图、排版图的形式做好用料交底，防止班组下料时长料短用、整料零用、优料“劣”用，做到物尽其用，杜绝浪费，减少边角料，把材料消耗降到最低限度。

4. 周密安排月、旬用料计划，执行限额领料

根据施工程序及工程形象进度，周密安排分阶段的用料计划，这不仅可保证工期与作业的连续性，而且是用好用活流动资金、降低库存、强化材料成本管理的有效措施，在资金周转困难的情况下尤为重要。

项目经理部必须准确把握工程进展的情况，不断提高协调能力和预测能力，及时发现和处理现场施工的进度问题。同时，要严格执行限额领料，在编制施工计划时，附上完成该项施工任务的限额领料单，作为发料部门的控制依据，防止错发、滥发等无计划用料，从源头上做到材料的“有的放矢”。

5. 及时、完整地办理签证及变更手续

工程设计变更和增加签证在项目施工中经常发生。工程变更时，往往会造成材料积压，这是由于备料在前、变更在后所致。项目经理部在接收工程变更通知书执行前，应有因变更造成材料积压的处理意见，原则上要由建设单位给予签证或承担损失；否则，如果处理不当就会造成材料积压，无端地增加材料成本。

另外，随着法律法规的健全，建设单位现场代表必须具有法定委托权，可通过协调会的会议记录或文件进行双方确认，才能保证工程变更签证的有效性。对建设单位口头通知的

变更，项目经理部应主动办理工程变更书，并由建设单位代表签字确认，既体现顾客至上的服务意识，又不损害企业利益。

6. 认真处理“假退料”及边角料回收

“假退料”是月末施工项目对已领未用而下月仍继续要用的材料不退库，而同时编制本月的退料单和下月的领料单。以减少退、领料的搬运，便于正式反映当月实际耗料的常用方法。尤其对项目施工中只完成制作尚未安装的材料耗用，通过办理“假退料”手续，适当折扣部分材料成本，达到收支相对平衡。具体操作时必须实事求是，严格认真。要防止把“假退料”当成调整施工项目责任成本核算、考核的“防空洞”，人为的造假，造成材料成本管理失控。

边角料的回收是施工项目材料成本管理不可忽视的最终环节，除对规格型号进行分门别类外，应注意材质的编号，以利再用。

综上所述，施工项目材料成本管理应主要从“量”上做文章。只有在切实抓好准确材料计划、严格审核、限额领料、合理下料的同时，办理完整有效的变更签证和如实的“假退料”，才能为降低成本、提高效益提供可靠的物资保证。

第十章　项目沟通与信息管理

工程总承包企业应建立项目沟通与信息管理系统，制定沟通与信息管理程序和制度。充分利用现代信息与通信技术，重点推广 BIM 技术应用，以计算机、网络通信、数据库作为技术支撑，对项目全过程所产生的各种信息，及时、准确、高效地进行管理。

总承包部应充分利用各种沟通工具及方法，采取相应的组织协调措施，与项目干系人以及在项目团队内部进行充分、准确、及时的信息沟通。根据项目规模与特点配备项目信息管理人员。

项目信息可以数据、表格、文字、图纸、音像、电子文件等载体方式表示，保证项目信息能及时收集、整理、共享，并具有可追溯性。

沟通与信息管理工作在总承包项目中非常重要，应充分利用现代信息及通信技术，以计算机、网络通信、数据库作为技术支撑，对项目全过程所产生的各种信息，及时、准确、高效地进行管理，建立项目沟通与信息管理系统，制定沟通与信息管理程序和制度。

第一节　沟 通 管 理

项目沟通管理应贯穿建设工程项目的全过程。沟通的主要内容包括与项目建设有关的所有信息，特别是需要在所有项目干系人之间共享的核心信息。

总承包部应制订项目的沟通管理计划，明确沟通的内容、方式、渠道、协调程序。沟通管理计划在工程项目实施过程中应经常被复检，并根据项目运行中出现的情况做相应调整。

根据工程项目的特点，以及项目相关单位不同的需求和目标，建立多层次、多方式的协调机制。例如：分级协调、政策协调、非政策协调、技术方案协调、感情协调等。

沟通协调要充分利用各种交流平台，例如借助领导视察汇报的机会、政府城建例会等，增加沟通机会。

迁改协调工作是沟通管理的重中之重，做到主要领导亲自抓、分管领导具体抓、工作人员细致抓。迁改协调工作中都会遇到商务问题（即经济问题），相关业务部门都有协调拆迁的责任，都要支持改迁协调工作。同时制定相应的协调措施，以排除冲突、解决矛盾，保证项目目标的顺利实现。

第二节　信 息 管 理

总承包部应建立并推行项目信息管理系统。项目信息管理应做到：

(1)按工程进展有计划地进行。

(2)对信息进行分析与评估,确保信息的真实、准确、完整和安全。

(3)使用统一、规范的形式或格式提供信息。

(4)力求文件化。

(5)尽量使用开放的数据库系统提供数据。

项目信息管理包括的主要内容:

(1)制订项目信息管理计划。

(2)收集项目信息。

(3)管理项目信息。

(4)分发项目信息。

(5)根据项目信息评估项目管理成效,调整计划。

项目信息管理系统应满足下列要求:

(1)信息管理技术应与信息管理系统相匹配。

(2)项目信息管理系统应与工程总承包企业的信息管理系统接口。

(3)信息管理技术与所使用的相关工程设计、项目管理等软件有良好的适应性。

(4)信息管理系统应便于信息的输入、整理和存储。

(5)信息管理系统应便于信息发布、传递及搜索。

(6)信息管理系统有严格的数据安全保证措施。

总承包部应制订收集、整理、分析、反馈、传递项目信息的制度,并监督执行。

项目的信息分类和编码应遵循工程总承包企业的信息分类和编码规则与结构。

总承包部宜采用计算机软件和网络系统进行信息管理。

例如采用 Project 软件编制施工进度计划,集工序、时间、资源配置等为一体,方便查询,易生成报表。

开展 BIM 技术工作,组织各级人员学习培训 BIM 软件操作,研发或利用已开发的"BIM 管理系统",将施工图纸、国家标准、已审批方案、施工工艺视频等资料上传至 BIM 系统内,施工人员可在现场通过手机客户端直接进行查询;质量巡检、安全巡检、隐患排查等工作正逐步转换为检查人员现场拍照、现场通过手机客户端下发整改要求,提高整改效率;现场分项工程质量控制,对各分项工程进行工序划分,各参建单位在工序开始、结束等阶段拍照上传现场照片、提交意见,提高现场工序管理质量。

施工现场建立"二维码"管理体系,可便捷扫描,实现人员信息识别,观看施工工艺流程视频、安全操作规程、质量验收数据等功能。

第三节　文件管理

工程项目文件资料应随项目进度及时收集、整理,并按项目的统一规定进行标识。

总承包部应按照有关档案管理标准和规定，将项目设计、采购、施工、试运行和项目管理过程中形成的所有文件进行归档。

总承包部应确保项目档案资料的真实、有效和完整，不得对项目档案资料进行伪造、篡改和随意抽撤。

总承包部应配备专职或兼职的文件资料管理人员。

第四节　舆情管理

当前，网络舆情管理面临新形势，网络舆论工作进入专业化、精细化的舆论博弈阶段。

网络舆情的应对与控制具体如下：

1. 快速反应、明确态度

对有关本单位的舆情，要及时关注和重视，重大舆情要迅速上报相关领导，第一时间表明态度，讲清事实，不回避、敷衍问题。

2. 正面回应、提高效率

对于负面舆情，要坚持正面引导的原则，要进行有针对性的解答，澄清事实，以正视听。

3. 把握尺度、妥善处理

对于重大舆情，要把握好尺度，及时准确予以回应。如果对于一时不能拿出准确调查结论的舆情，要按照上级安排部署，不断发布阶段性信息，以便掌握舆论主动权。

第十一章　项目合同管理

第一节　合同管理的原则

一、基本概念

1. 合同

合同是指平等主体的双方或多方当事人(自然人或法人)关于建立、变更、终止民事法律关系的协议。此类合同是产生债权的一种最为普遍和重要的根据,故又称为债权合同。《中华人民共和国合同法》所规定的经济合同,属于债权合同的范围。合同有时也泛指发生一定权利、义务的协议,故又称为契约。可以是口头的,也可以是书面的,工程施工合同一般均为书面的形式签订。

2. 合同管理

企业的经济往来,主要是通过合同形式进行的。一个企业的经营成败和合同及合同管理有密切关系。企业合同管理是指企业对以自身为当事人的合同依法进行订立、履行、变更、解除、转让、终止以及审查、监督、控制等一系列行为的总称。其中订立、履行、变更、解除、转让、终止是合同管理的内容;审查、监督、控制是合同管理的手段。合同管理必须是全过程的、系统性的、动态性的管理。

3. 本项目 BT 合同的形成

政府或政府委托的实施机构编制竞争性谈判文件(招标文件),将该文件发放即为"要约邀请",投标人编制竞争性谈判响应文件(投标文件),进行投标即为"要约",然后通过开标评标最后发出中标通知书,即为"承诺",双方达成一致,签订 BT 模式投资建设合同书,即形成 BT 合同的一套合同体系。

4. BT 项目总承包项目合同管理

BT 项目总承包项目合同管理应包括总承包合同管理和分包合同监督管理。BT 项目总承包部在合同管理过程中应遵守依法履约、诚实信用、全面履行、协调合作、维护权益和动态管理的原则,严格执行合同,确保合同约定目标和任务的实现。总承包合同和分包合同,必须以书面形式订立。实施过程中的合同结算、合同变更、工程签证等应按程序规定进行书面签认,并成为合同的组成部分。

二、基本原则和特点

总承包部应依据企业相关制度制定合同管理规定,明确合同管理的岗位职责,负责组织对总承包合同的履行,并根据董事会和股东会决议,对各参建单位的分包管理进行全过程的监督检查管控,通过对总承包合同履行、分包合同的监督管控,认真执行合同管理的原则,确保合同约定目标和任务的实现。BT项目合同管理原则应包括:

1.合法合规原则

遵守法律法规,尊重社会公德,不扰乱社会经济秩序,不损害社会公共利益。

2.公平公正原则

在BT项目合同管理签订和履行过程中,尽量遵守法律主体的公平公正原则;在合同执行的过程中,本着自愿和友好协商的原则,确保合同相对双方权利义务对等。

3.合情合理、诚信合作原则

本着合同管理过程中,特别是在结算管理过程中,在合法合规的前提下,做到合情合理,履行应该履行义务,享受应享有的权利。在履行合同义务时,应诚实、守信、善意、不滥用权力、不规避义务,团结协作和相互帮助的精神去完成合同任务。

4.全面履行的原则

合同全面履行包括实际履行和适当履行。按照契约精神全面履行,对工程的保通、进度、质量、安全文明施工、环保、结算、变更、签证、验收等各方面进行全面履约。

5.据实结算的原则

依据合同中协议的模式,依靠完善的合同管理,采用切实可靠的技术支持,以施工现场为基础,通过施工方案、质量验收证明、监理现场见证、设计变更、影像资料等证据以事实说话,进行举证。

6.动态性、全过程、全寿命周期合同管理原则

合同管理是一个系统的、全寿命周期的管理过程,从项目的开始勘察设计、监理、施工、采购、运营维护的全过程的合同管理,虽然在BT合同管理过程主要从施工总承包单位的角度出发,但不能只进行总承包合同的管理,要跳出风景看风景,跳出合同执行合同,站在一个更高和更全面的角度来履行总承包合同,并在合同履行过程中,进行动态的监控和跟踪管理,确保合同履行的完整和高效。

第二节　总承包合同管理

一、主要人员及部门的合同责任

总承包部形成以总经理为第一责任人、主管商务副经理为主管人、各职能部门具体实施的合同管理体系架构,合同管理部是总承包部合同管理工作的主要归口部门,其他各部门应按各自的分工配合其工作。

(一)总经理的合同职责

负责各类合同的批准和签订,代表总承包部对本工程总承包合同履约全权负责,确保工

程按总承包合同要求顺利组织实施完毕,使顾客满意。

(二)主管合同副经理合同职责

协助总经理主管各类合同的管理,对合同的全过程履行负主要责任,对合同的签订、实施、变更、解除进行监督、检查,对合同纠纷、争议进行协调和解决,以保证合同全面履行。主管合同管理部和物资设备部。

(三)合同管理部的合同职责

负责组织宣传、学习贯彻《合同法》《建筑法》《招标投标法》、郑州市市政工程相关规章制度及其他法律法规和规章制度。

负责监督劳务分包合同、专业工程分包的发包、招标、评标、签订合同工作,对承(分)包商的评价。将签订的劳务分包合同、专业分包合同进行备案并上报投资承包商(也称为"项目公司")备案。

按合同规定,及时组织协调办理工程验收,做好工程计量签证、工程价款结算的审核、汇总、上报、分拆等相关工作。

按规定程序组织、收集、汇总、上报工程变更、价格调整等业务工作。

按规定程序,及时办理工期、费用索赔工作,包括提交索赔依据、汇总资料、提交索赔报告、组织参与索赔谈判和办理费用补偿等工作,办理工程变更调价和新增项目报批工作。

负责合同纠纷的调查、协调。

负责合同文件的档案管理。按照上级单位规定向上级单位主管部门报送相关的统计报表、总承包合同履约情况等资料,形成统计台账和统计报表制度。

(四)综合办公室的合同职责

负责对合同示范文本、总经理授权委托书的发放和管理。

负责总承包部雇佣人员(或劳务人员)的合同归口管理,包括此部分的合同起草、谈判、签订、履约和合同文件归档管理等。

负责农民工工资相关文件的制定及过程中的检查监督。

协助组织宣传、学习贯彻《合同法》《建筑法》《招标投标法》、郑州市市政工程相关规章制度及其他法律法规和规章制度。

(五)物资设备部的合同职责

负责主要材料的招标采购事宜。

组织设备采购、运输、保管合同洽谈,设备运转管理、设备租赁合同洽谈。

(六)财务部的合同职责

根据合同约定及时收取、支付工程款,履行合同结算支付的财务监督职责。

发生保险、税金方面的索赔事件时,及时向合同部门提供相关信息。

(七)质量安全部的合同职责

负责工程质量、安全、环境保护、文明施工和其他合同规定内容的监督、管理;为建安费

1%的约束激励考核在结算中体现提供依据。

负责工程结算的质量、安全等方面的审核、检查、监督。

协助索赔和反索赔资料的收集、整理。

协助现场保险理赔工作的资料收集、整理。

(八)工程管理部的合同职责

组织进行施工图会审,对各参建单位进行施工图交底;负责并结合工程实际进行设计优化。

负责设计、审核工程变更,设计变更施工图。

做好施工记录,摘录重要索赔事项基础资料。

负责工程结算中施工方案的审核报批,工程量的审核。

负责协助办理设计变更签证,以及协助索赔与反索赔资料的收集、整理。

(九)协调部的合同职责

负责组织协调沿线政府和群众的相关事宜。

负责施工区用水、用电和临时用地的协调组织工作。

设立专人开展民事协调、维稳等工作。

(十)职能部门其他合同职责

在本部门职责范围内参与相关合同的评审、编制和审查,并积极进行合同资料的收集。

二、合同管理体系

项目总承包合同管理是完善的合同管理体系,是构成BT合同管理体系的一个重要组成部分,起到一个承上启下的纽带作用,按照股东和上级单位的相关制度,全面履行总承包合同,同时对分承包商在组织、监督、服务、管理等方面的承担连带责任。

(1)总承包部应依据工程总承包企业相关规定建立总承包合同管理程序,总承包部总经理受总承包企业法人代表委托全面履行总承包合同。

(2)总承包合同管理的主要内容包括:

①与项目公司一并讨论合同条款,对合同条款进行谈判修订,对总承包合同进行内部评审,按照程序签订总承包合同;

②熟悉和研究合同文本,全面了解和明确合同要求,对各部门进行合同交底,并留存相应的交底记录;

③确定项目合同控制目标,制定实施计划和保证措施;

④对项目合同变更进行管理;

⑤对合同履行中发生的违约、争议、索赔等事宜进行处理;

⑥对合同文件进行管理;

⑦进行合同收尾。

(3)总承包部合同管理人员应全过程跟踪检查合同执行情况,收集、整理合同信息和管理绩效,并按规定报告总承包部总经理。

(4)总承包部应建立合同变更管理程序。合同变更宜按下列程序进行:

①提出合同变更申请。

②报总承包部总经理审查、批准。必要时,经企业合同管理部门负责人签认,重大的合同变更须报企业负责人签认。

③经项目公司签认,形成书面补充协议或者文件。

④组织实施。

(5)总承包部应按以下程序进行合同争议处理:

①准备并提供合同争议事件的证据和详细报告;

②通过内部协商及股东会议协调解决;

③通过上级机构进行协调,裁决。

(6)总承包部应按下列规定对合同的违约责任进行处理:

①当事人应承担合同约定的责任和义务,并对合同执行效果承担应负的责任;

②当项目公司或第三方违约并造成当事人损失时,合同管理人员应按规定追究违约方的责任,并获得损失的补偿;

③总承包部应加强对连带责任引起的风险预测和控制。

(7)总承包部应按下列规定进行合同外的签证处理:

①应执行合同约定的签证程序和规定。

②在规定时限内向对方发出签证意向,并提出书面签证报告和签证证据。

③对签证费用和时间的真实性、合理性及正确性进行核定。

④按最终商定或裁定的签证结果进行处理。签证金额可作为合同总价的增补款或扣减款。

(8)总承包部合同文件管理应符合下列要求:

①明确合同管理人员在合同文件管理中的职责,并按合同约定的程序和规定进行合同文件管理;

②合同管理人员应对合同文件定义范围内的信息、记录、函件、证据、报告、图纸资料、标准规范及相关法规等及时进行收集、整理和归档;

③制定并执行合同文件的管理规定,保证合同文件不丢失、不损坏、不失密,并方便使用;

④合同管理人员应做好合同文件的整理、分类、收尾、保管或移交工作,以满足合同相关方的要求,避免或减少风险损失。

(9)总承包部进行合同收尾工作:

①合同收尾工作应按合同约定的程序、方法和要求进行。

②合同管理人员应对包括合同产品和服务的所有文件进行整理及核实,完成并提交一套完整、系统、方便查询的索引目录。

③合同管理人员确认合同约定的"缺陷通知期限"已满并完成了缺陷修补工作时,按规定审批后,及时向建设单位发出书面通知,要求建设单位组织核定工程最终结算及签发合同项目履约证书或验收证书,使合同达到关闭状态。

④合同履约结束后,总承包部部应会同工程总承包企业合同管理部门按规定进行总结评价。其内容包括:合同签订情况评价、合同执行情况及实施效果评价、合同管理工作评价、对本项目有重大影响的合同条款的评价。

第三节　分包合同管理

一、分包合同管理的方式

由于本项目的投资金额大,且为线性工程,根据现场的实际情况,为了便于管理和组织实施,根据 BT 合同的相关约定,在不同的监理标段成立相应的项目经理部,授权项目经理部从分承包商的引进、分包合同签订、分包合同过程履约、分包合同变更、分包结算支付、农民工工资管控、分包商退场等全过程进行管理;项目经理部为分包合同的执行管理主体,负主要的管理责任。总承包部在分包招标监督、分包合同范本、分包价格指导、分包合同备案、分包退场方面进行宏观的监督服务指导,是分包合同执行的主要监督方;总承包部充分发挥组织、服务、监督检查职能,对分包合同管理承担连带责任。

二、分包合同管理的职责

(一)各项目经理部的职责

在总承包部的统一领导和授权下,各项目经理部按照上级单位的分包管理制度和流程进行相应的分包合同管理。

(1)结合工程实际情况和上级单位相关制度,制定分包管理制度,配备分包管理的专业人员。

(2)负责按相关制度进行相应的分包申请审批程序,具体实施劳务和专业分包的招标、评标、定标工作,并在过程中根据相应的分包权限邀请公司人员和总承包部相关人员进行监督见证。

(3)负责按照上级单位和总承包部合同范本签订书面分包合同,履行分包合同签订手续,同时签订保廉合同和安全生产协议。

(4)负责对分包商进行履约管理,对分包商定期进行评价评定,确保分包合同履行中的进度、质量、安全、文明施工受控,及时进行分包合同验收,确定合格与不合格分包商名册。

(5)按照程序对分包商进行结算支付,对农民工工资进行监管或者直接发放,超合同额的变更手续需按工程局的手续办理完善。

(6)对分包商退场管理,及时进行完工清算,签订退场协议书。

(7)分包合同资料备案。

(二)总承包部分包管理职责

按照公司的相应规章制度,对本工程的分包合同管理全面履行承担组织、服务、监督、检查、考核职能。

(1)制定分包合同范本。

(2)分包限价的制定与指导。

(3)对分包招标过程进行监督。

(4)建立分包合同考核制度,定期进行检查考核奖罚。

(5)审核退场协议范本。

(6)督促进行分包合同备案。

三、分包商的过程管理

工程分包策划、分包审批、分包商选择、分包合同签订、分包施工管理、分包结算和支付内容同内部合同管理,按照总承包部制定的分包管理办法及相应的规定执行。

四、分包合同争议处理

分包合同争议处理应按以下规定进行:

(1)总承包部应按分包合同约定程序和方法处理争议事件。

(2)当事人应努力采用“和解”或“调解”方式解决合同争议。

(3)当事人应按商定或最终裁定的结果执行。

五、分包合同索赔处理

分包合同索赔处理应按以下规定进行:

(1)当事人应执行合同约定的索赔程序和方法,进行真实、合法及合理的索赔。

(2)索赔通知、证据、报告及裁定结果均应形成书面文件,并纳入合同管理范围。

六、分包合同收尾要求

分包合同收尾应满足以下要求:

(1)项目经理部应按分包合同约定程序和要求进行分包合同的收尾。

(2)合同管理人员应对分包合同约定目标进行核查和验证,当确认已完成缺陷修补并达标时,及时进行分包合同的最终结算和结束分包合同的工作。

(3)当分包合同结束后应进行总结评价工作,包括对分包合同订立、履行及其相关效果的评价。

第四节 结算管理

一、结算原则及职责

(1)总承包部总经理对总承包部环节的半年度回购结算及季度结算全面负责。

(2)总承包部总工程师对分包标段完成的通过质量部门、工程部门签认的工程量及相关施工方案和施工质量负责。

(3)总承包部生产副经理对分包标段进度和现场安全文明施工奖罚金额审核等负责。

(4)总承包部商务副经理负责计量与支付的单价、总价的监控与审核,对工程变更、工程签证、施工协议的履约执行情况、奖罚的兑现以及对附件的完整性、规范性、正确性等进行审核、确认。

(5)总承包部质量部负责季度、半年度回购结算"工程量产值计量表"对应形象工程量的质量评定资料,具体资料要求按 BT 合同执行;并针对每月工程质量情况进行质量考核并对各项目经理部兑现。

(6)总承包部工程管理部负责季度、半年度结算的"工程量产值计量表"形象工程量的确认,两个季度结算形象工程量与相应半年度回购结算工程量一致,负责专项施工方案中对影响组价的因素进行统一;并针对每月工程进度考核及时对各项目经理部兑现。

(7)总承包部安全部针对每月工程安全情况进行安全考核并对各项目经理部兑现。

(8)总承包部中心试验室负责对各项试验配比、密度等结算中所依据的资料进行统一。

(9)总承包部物资设备、财务等部门负责对下分拆的主管业务方面的结算资料。

(10)总承包部合同管理部负责对季度、半年度回购结算的定额子目组价和预算书进行审核,对各项依据资料进行审核,并对每月、季度、半年度回购结算的安全、质量、进度的考核进行兑现。

二、结算依据及原则

(1)以施工图纸+设计变更+现场签证等为基础据实结算,以半年度回购结算为重点。结算依据包括:经审查合格备案的施工图设计文件(含地质勘察报告)和专业工程深化设计文件、设计变更、工程洽商记录、图纸会审、技术交底、现场签证、批复的施工组织设计、批复的施工方案现行施工技术规范、质量验收标准、验收记录、合同外新增减工程项目以及一切与工程有关的内容。

(2)合同约定的定额及配套文件,材料、人工价格按合同约定的建设工程造价管理办公室发布的"基准价格"信息为准。季度结算直接使用季度信息价,半年度回购结算使用两个季度的平均价格。信息价中没有的价格按合同约定进行材料认价审批确定。

(3)工程量计量按合同约定的定额计算规则和计量单位。

三、结算流程

(1)工程预付款:工程预付款按合同约定的总金额的10%,在各标段合同签认后且桩基工程开钻后7日内,支付工程预付款的40%;在监理工程师下达开工令或开工后标段产值累计达到标段合同总金额5%的28日内,支付工程预付款的60%。

(2)月度预付款:月度预付款的计量周期为上月21日至本月20日,每月20日前各项目经理部将经监理单位签字、盖章的报表上报总承包部合同管理部,总承包部合同管理部于23日前将按BT标段汇总的报表上报项目公司合同管理部,同时申请按月产值的85%支付月度预付款,并及时对各标段进行支付。月度预付款在办理完季度结算并支付工程款后一次性扣除。

(3)季度结算总承包部对上结算:各项目经理部按时上报“工程量产值计量表”给总承包部工程部、质量部,同时将结算申报组价资料报总承包部合同管理部。产值计量表经总承包部工程部、质量部审核后,报项目公司工程部、质量部审核。审核完成后返给总承包部,根据批复的“工程量产值计量表”总承包部出具审核意见随“季度结算申报资料”报项目公司审批,经审批后出具季度结算审批单。项目公司按审批额的90%支付。

(4)季度结算总承包部对下结算:根据项目公司季度结算审批表,总承包部将审批表返还各项目经理部,各项目经理部上报“工程季度预结算明细表”和“工程季度预结算审批单”,总承包部合同管理部根据项目公司批复的报表审核后,由各部门负责人审核,各部门同时要根据安全、质量、进度的奖惩情况在对应表格栏进行奖惩填写,由合同管理部扣除预付款并审核无误后填写支付金额,并交总工程师、生产经理、商务经理、总经理签字审批并盖章,总承包部经营合同部存档,转财务部根据项目公司的付款进度支付。其余返还各项目经理部存档入账。季度结算付款在办理完半年度回购结算并支付工程款后一次性扣除。

(5)半年度回购结算对上结算:各项目经理部首先上报“工程量产值计量表”,产值计量表由总承包部统一汇总打印,经监理单位、项目公司、总承包部、签证领导小组审核后,各项目经理部根据批复的“工程量产值计量表”上报“半年度结算申报资料”,经监理单位、项目公司、总承包部、签证领导小组(内审单位)、审计机构审核后出具审计报告。项目公司按审批额的95%支付。

(6)半年度回购结算对下结算:半年度的报表审计结果出来后,总承包部将审批表返还各项目经理部,各项目经理部上报“工程半年度预结算明细表”和“工程半年度预结算审批单”,总承包部合同管理部根据项目公司批复的报表审核后,由各个部门负责人审核,各部门同时要根据安全、质量、进度的奖惩情况在对应表格栏进行奖惩填写,由合同管理部扣除预付款并审核无误后填写支付金额,并交总工程师、生产经理、商务经理、总经理签字审批并盖章,总承包部经营合同部存档,转财务部根据项目公司的付款进度支付。其余返还各项目经理部存档入账。

第十二章 项目创建优质工程管理

第一节 创建优质工程规划

一、创国家优质工程奖重要意义

贯彻“百年大计、质量第一”方针和国家《质量发展纲要(2011—2020年)》精神,增强工程建设企业质量意识,不断提高质量管理水平,以保证国家投资安全,充分发挥投资效益。

倡导工程建设系统、科学、绿色、经济的质量管理理念,鼓励通过技术创新、管理创新,不断提高工程质量,引导工程建设走质量效益型发展道路。

通过抓典型、树样板,鼓励企业相互学习、相互启发、相互促进,以点带面,全面提高工程建设质量总体水平。

树立“追求卓越、铸就经典”的国优精神。追求卓越就是勇于创新,精益求精,建设一流设计、一流施工、一流质量,引领行业发展的精品工程;铸就经典就是尊重科学,建设优质安全、实用高效、节能环保,经得起历史检验的传世工程。

国家优质工程要充分体现科学、系统、经济、合规,即大质量概念,符合国家倡导的发展方向和政策要求,综合指标应达到同时期国内领先水平;是经评审比对达到设计优、质量精、管理佳、效益好、技术先进、节能环保的工程项目。

二、国家优质工程(金)奖或鲁班奖简介

国家优质工程奖是国家质量奖的组成部分,是工程建设行业产品质量奖。国家质量奖是1981年由国家经济委员会和国家计划委员会提出,国务院批准设立的。国家质量奖是由国家质量管理奖、国家优质产品奖、质量管理小组奖组成,史称国家质量三大奖。

当时国家颁发的《国家优质工程奖励条例》明确规定“国家优质工程奖是我国在工程建设质量方面的国家级荣誉奖励”。是我国唯一由国家工程建设质量奖审定委员会组织审定,冠以“国家优质工程”的奖项。

鲁班奖的全称为“建筑工程鲁班奖”,建筑工程鲁班奖是1987年由中国建筑业联合会设立的;主要目的是为了鼓励建筑施工企业加强管理,搞好工程质量,争创一流工程,推动我国工程质量水平的普遍提高。该奖是行业性荣誉奖,属于民间性质,有严格的评选办法和申报、评审程序,并有严格的评审纪律。评审由评审委员会负责,协会只负责受理申报、组织初审和工程复查,不得干预评审工作。评委由各地区和国务院有关部门的专家组成,以无记名

投票方式选定。鲁班奖每年评选一次。

三、创建优质工程的理念

有远见的企业领导者认识到创建优质工程作用与价值，认识到创建优质工程是企业可以重复使用的改进、变革工具。

国家优质工程奖和鲁班奖是我国工程建设领域的最高质量荣誉，获奖企业被认为行业的领航者，对企业品牌是最佳的宣传，必将帮助企业在市场上取得更大的成功。

创建优质工程的价值不仅仅是获得奖杯，更为重要的在于创建优质工程过程中的价值。因为创奖的过程能帮助企业不断应对变化的经营环境，促进企业实现价值的变革，提高企业持续改进的能力和综合绩效水平。具体的表现为：

(1)通过创建优质工程可以发现改进机会，实现持续改进。因为一个卓越的企业不可能是没有问题的企业，一个优质工程项目也不可能是零缺陷的工程。通过创奖的工程，必然要学习，导入和实践卓越绩效模式，依照卓越绩效模式进行自我评估，不断发现自己的不足、识别企业自身的优势和改进空间，抓住改进机会，实现持续改进。可促使企业观念的转变和管理创新。

(2)通过创建优质工程可以提高企业的凝聚力。

(3)通过创建优质工程可以帮助企业建立、完善关键的绩效测量指标体系。这个体系简单地说就是："你追求什么，就要测量什么，你测量什么，才能得到什么"。帮助企业更好识别外部变化的经营环境，做到管理有效、顾客满意，以提高企业的综合绩效和市场竞争力。

(4)通过创建优质工程可以帮助企业获得外部评审专家专业的、全面的和有深度的咨询。

质量管理和评优理念的进化：质量是工程项目的固有属性。而优质工程的内涵是工程满足相关标准规定和合同约定要求，包括其在安全、使用功能及其耐久性能、环境保护等方面所有明示和隐含能力的固有特性。具体内容如下：

(1)过程控制为中心的卖方主导质量必须符合国家和行业标准；

(2)以顾客满意为中心的买方主导质量；

(3)质量的内涵由符合性标准演进为注重差异化的竞争质量。

人差、你好，人无、你有，人强、你新，人新、你特。战略性质量即质量是创造价值的核心，安全、可靠、性能。竞争的焦点：质量成为全球最为关注的问题。质量的领域已由产品质量拓展到工作、过程、组织、管理、原材料质量、体系质量，发展到经营质量、经济增长的质量、环境的质量等，由"规模、数量、价值"转变为"优质、科学、经济、环保"。"观感"已上升为观感质量、引起社会重视，普遍备受关注。

社会责任：公共社会责任(即法律法规)。

道德行为：顾客、供方、质监、环保、工商、税务、海关、银行、审计、司法等所反映的组织诚信程度的证据。

公益支持:即文化、教育、卫生、社区、行业发展等。

质量已上升为企业和个人的道德准则,成为组织的义务和个人道德准则的底线。

加快观念的转变和管理的创新。企业要适应新形势,加快观念的转变和管理创新势在必行。管理创新工作重点在以下五个方面:创新质量观念(即倡导大质量概念)、创新发展模式、创新质量服务内容、创新质量推进机制、创新质量活动。

目前,国际公认的理念是:一流企业卖标准,二流企业卖技术,三流企业卖产品,四流企业卖劳动力。

四、创建优质工程管理要点

创建优质工程(简称“创优”,余类同)是一项系统工程,是一场持久战,应当遵循以下管理要点,做到一次成优、自然成优、合理成优。

(1)超前策划:做好现状分析、目标设定、创优规划、目标分解、编制指导文件、创优动员。

(2)科学管理:确定组织体系、制度体系、科学组合生产要素。

(3)程序合规:梳理文件目录、确定办理计划、循序渐进办理、立项→报建→验收。

(4)设计先导:理念先进、重视深度、强化管理、总结提高。

(5)科技引领:加大科研投入,重视成果培育,采用“五新”技术,促进成果转化。

(6)绿色建造:坚持效能优先,发展总承包模式、发展建筑工业化、发展建筑信息模型,采用绿色建材。

(7)精雕细琢:发扬匠人、匠心、匠气的工匠精神,精巧设计工艺工序,精心选配材料配构件,凝心聚力施工操作。

(8)过程管控:做好全员、全过程、全方位管控,提高员工素质、工作质量、工序质量、工程质量,增强风险预控长效机制。

(9)一次成优:正确创优观、尊重自然,一次成优、自然成优、合理成优。

五、质量目标

项目建设之初,项目主要人员需启动项目创优规划工作,依据创优质量目标,制定工程的创优规划和实施细则,使各项创优工作能够有效组织、全面开展,使创优活动的开展能够系统性贯穿于整个工程施工阶段、竣工验收阶段和创优申报及评审阶段。

质量目标:工程竣工验收后,工程整体质量优良,在确保创建省级优质工程奖和省级市政工程金杯奖后,为争创国家优质工程(金)奖或鲁班奖打下坚实基础。

省部级优质工程奖的结果导向:①一个有效性,即工程建设管理的有效性。②两个符合性,即工程建设全过程的合法性符合法律法规,工程的安全、质量符合法律法规。③三个先进性:即性能、指标的可靠性和先进性;“五新”的应用、自主创新、节能和环保的先进性;社会效益和经济效益的先进性。

省部级优质工程奖每年度评选一次,由相关协会负责并组织。现场复查由省部级优质工程奖评审专家负责,审定工作由相关协会评审委员会负责。

省部级优质工程奖本着企业自愿的原则组织申报。采取严格申报材料预审查、现场复查(该阶段着重项目文件抽查、关键部位和重要工序过程追溯核查),并以综合方式进行评价。

参评工程在建设理念及各建设环节应符合国民经济发展的不同时期所倡导的发展理念,其工程建设项目的综合指标应达到国内同期、同类先进水平。

本着优中选优的原则,从省部级优质工程奖的项目中,推荐有代表性的项目申报国家优质工程奖(简称国优奖)或国优金奖和中国建设工程鲁班奖。

一是,工程必须安全、适用、美观;二是,积极推进科技进步与创新;三是,施工过程坚持"四节一环保";四是,工程管理科学规范。在符合设计和规范要求的前提下,坚持好中选好,优中选优。

为了保证创优目标的顺利实现,分阶段分级对市政工程创优目标进行分解,具体见表12-1。

创优目标分解表 表12-1

序号	创优奖项	评审部门	申报时间	备注
1	省级安全文明工地	省建设厅	开工后一个月内	申报第3项必备条件
2	市级优良工程	市政工程质量监督专业站	工程竣工验收后	申报第3项必备条件
3	省部级优质工程奖或省级市政金杯奖	省工程建设协会和省市政工程行业协会	工程竣工验收备案后	申报第4项必备条件
4	国家优质工程(金)奖或鲁班奖及全国市政金杯示范工程	中国施工企业协会或中国建筑业协会及中国市政工程协会	工程竣工验收使用期一年后	

第二节　创建优质工程组织

一、创优工作责任划分

项目总承包部要切实担当起对创优工作的组织领导,制定创优规划和实施细则文件,创新管理,推广"四新"技术的应用,推动行业强制性标准的宣贯与执行、文明工地和绿色示范工地的创建,实施项目建设全过程、全方位、全要素的质量管理,为创优目标的实现打下坚实的基础。

项目部经理是工程创优的具体执行者,项目经理是创优工作的第一责任人,项目总工程师是主要责任人。项目经理部要对工程质量管理进行二次策划和年度质量策划。

二、创优的管理措施

在建设单位和项目公司的组织下,以总承包部和项目经理部总工程师为主要负责人的创优组织管理体系,制定相应的管理制度和奖惩办法,以及工程质量创优目标及管理办法。

建立健全创优管理体系,将创优目标和任务,层层分解,层层签订责任状,层层抓落实。

在工程实施过程中,定期邀请专家到项目进行创优工程的培训与指导,使主要组织管理者提高相关知识,提高在工程实施中的执行力。

项目部自身根据工程建设的特点,定期或不定期进行创优学习和检查评比工作,使得这项活动得以有效开展。

如同质量、环境、职业健康安全管理体系一样,应做好创优的过程管理,因此在工程建设期间,保证质量管理体系有效运行。

要做好各项技术指标、质量管理与评定等技术资料的档案归档工作,档案工作要求做到与工程施工同步进行。

在工程建设初期,项目部要做好工程质量的策划。在保证工程内在质量的同时,更加注重工程的外观质量的策划,并在工程建设期间得以组织实施,以实现优质工程的质量特性。每年度颁发有效技术规范及标准清单,对失效技术标准与清单建立清退机制。

国家或行业强制性标准是保证工程能够安全、经济、有效的运行而必须强制实施的标准。在工程施工的各个阶段,务必组织好强制性条文在工程施工的不同阶段的贯彻执行。

先前组织相关的技术、质检等管理人员学习该标准,领会其精神实质,提高执行强制性条文的自觉性和执行能力。做到件件有计划,施工过程有落实和检查,执行后有记录。

在工程建设过程中,实施首件认可制,样板引路,不认可不得推进工程的展开。

认真实施项目总体质量策划与年度质量策划,实施工艺二次设计,确保达标投产与创优总体目标的实现。

工程建设过程中,规划实施好"四新"技术的推广应用,要开展管理创新、技术创新、工艺创新,使得市政工程具有鲜明的时代感、艺术性和超前性。务必实现合同规定的目标,即完成"四新"应用不少于4项,完成科技成果不少于3项,完成QC成果不少于3项,完成国家专利不少于3项,为创建国家优质工程奖的目标提供有力支撑。与此同时,需做好住建部颁发"十项新技术应用"的规划与总结验收。施工过程中组织好技术人员对科技创新成果及时进行总结及论文的发表。

三、质量管理二次策划和年度质量策划

质量管理策划分为总体策划与二次策划;细分为局部策划、阶段性策划、细部策划、分部策划、综合性策划等。其策划工作须贯穿于工程建设始终。

工程开工之初要依据国家法规政策与行业标准,制订工程质量总体策划书,并上报监理单位、建设单位批准后实施,以指导阶段或年度质量目标的管理。

施工总体策划书包括内容：

(1)工程概况，工程特点、重点 、难点。

(2)目标、标准的确定，强制性标准宣贯与执行。

(3)创优组织机构及职责。

(4)“10 项新技术”应用与绿色施工。

(5)质量特色、工程亮点确立及策划。

(6)综合布局，二次设计。

(7)分部、分项质量策划。

(8)安全、文明施工、环境保护、水土保持。

(9)过程影像资料与档案管理。

(10)联络与沟通。

质量管理二次策划是在保证实现工程总体质量及创优目标的前提下，是在工程建设的各阶段、各部位对工程质量进行的再次策划，具有现场施工指导性和可操作性。譬如：桥梁墩身、箱梁、桥面系防撞墙、匝道引坡道两侧墙体等结构的内在和外在质量，对模板拼缝、拉杆孔的位置，做到横平竖直，整齐美观，混凝土外露面实现清水混凝土。

施工策划包括工艺、标准、做法、技术、色彩、材料选择、现场施工条件等，通过统一的施工策划，保证各分项工程内在质量和外部表现上的一致性和统一性。质量策划是随着工程的施工进展不但深化的过程，该项工作贯穿于工程建设的全过程，是不断总结与提升的过程。

工程建设过程中，推动市政施工的标准化工艺应用，实施首件认可制，推行样板引路，制定市政工程施工标准施工工艺应用计划并遵照执行。

年度质量策划：是根据年度施工进度和任务安排，对本年度任务的质量策划。其包括年度质量管理目标、组织与质量管理保证体系、技术措施、资源保证措施（测量、试验、技术及质量监管人员，劳动力、设备、材料等）、实施方案等。年度质量策划表见表 12-2。

年度质量策划表 表 12-2

任务与年度目标	××××年	××××年	××××年	××××年	××××年
创优与质量总体策划与实施细则，年度策划	√	√	√	√	
科技创新成果（省部级及以上科技进步奖、工法、QC 成果、国家发明专利）	√	√	√	√	
国家强制性标准应用	√	√	√	√	√
安全文明工地创建	√	√	√	√	√
绿色施工	√	√	√	√	√
十项新技术应用	√	√	√	√	√
工程竣工验收					√
市级优良工程奖					√
省部级优质工程奖					√
国家优质工程（金）奖或鲁班奖					√

工程建设过程中,要认真贯彻"追求卓越、铸就经典"的理念,牢固树立精品意识,以优秀的施工技术管理与作业人员、合格材料、先进设备等资源为保证,加大科技创新力度,强化施工技术的合理性与先进性,加强现场实施的组织与管控的有效性为保障,实施"三全"管理,即全过程质量管理、全要素质量管理、全员参与质量管理,确保工程达标投产和创优目标的实现。

四、二次施工工艺设计

所谓二次施工工艺设计是在设计单位已经完成的图纸上,为实现设计意图和技术要求,展现精品工程,高标准达标投产,高标准创建国家优质工程,再根据建设单位具体要求进行的深化设计。譬如:建筑装修的地板砖,设计给定尺寸、砖的质量、颜色等指标,作为施工单位,依据设计图纸的技术指标,在室内进行配板设计,分缝线的布置与进出门内外的关系设计,转角、起铺点、对称性、美观性等设计。再譬如:混凝土挡墙外墙面的模板接缝和拉杆孔的二次配板设计,道路混凝土路面施工工艺二次设计等。

在工程施工每个阶段,每个结构、每个部位,均提前对工程质量(内在和外观质量)进行策划和二次施工工艺设计,真正做到精心策划、严格过程控制、科学管理;做到高的质量目标、高的质量意识、高的质量标准,实行严格的质量管理、严格的质量控制、严格的质量检验,形成如图12-1所示的流程图。

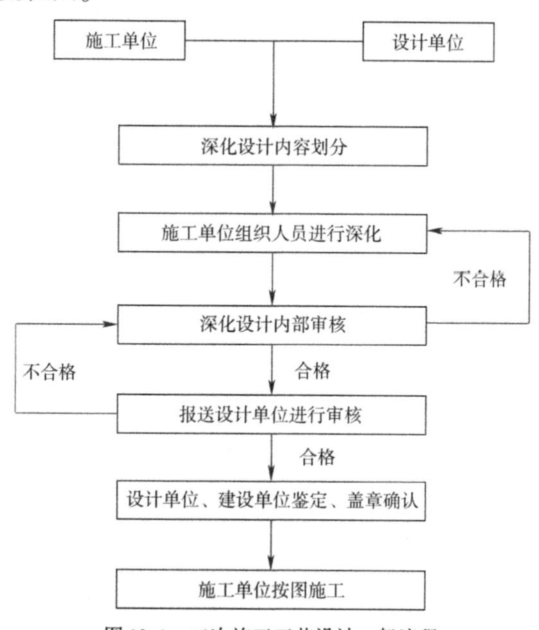

图12-1　二次施工工艺设计一般流程

在项目二次施工工艺设计实施过程中,应根据工程的特点采用不同的方法,推动设计标准化、施工工艺流程化、质量精细化。并应遵从以下12个原则:

1. 将图面概念设计转化为实物产品

拿到图纸后应全面熟悉图纸和了解设计意图及建设单位的要求,根据工程难点、特点进行思考策划。

(1)地基基础、结构施工方面,应针对工程结构形式、部位节点、施工难度等策划需采用的施工方法、施工工艺、质量控制措施、安全控制措施、适用的质量标准、验收方法,主体与二次结构连接方法 、主体结构与装饰工程 、安装工程连接、预留预埋、细部构造、节点处理等。

(2)装饰工程哪些部位及分项工程可以设计出图样新颖、造型独特、美观大方并符合人们传统审美感的装饰方案,塑造亮点。

(3)设备安装工程施工前,综合各种管道(线、槽)布置、走向,支架及吊杆等的安装位置,对照明灯具、风口、消防探头点位置等进行综合考虑,对称设计,规律性安排。

(4)工程哪些部位、分项工程上有难点,须采取的相应措施;哪些部位、分项工程上可以创新、应用新技术、塑造亮点。

2.将符合性标准转化为内控标准

国家标准代表全国的平均先进水平,标准决定质量,精品工程应转化为高于国家标准的企业或项目内控标准。

3.将施工难点转化为工程亮点

复杂工程设计施工中难点经常碰到,应通过深化设计技术创新,化难点为亮点。

4.将简易普通转化为精致构建

目前装饰工程不少是普通材料,以普通材料创精品就在于构思的新颖和工艺的精湛,做到精雕细刻。

5.将随意平淡转化为协调有序

在设计思想十分活跃的今天,建筑设计平面、立面的弧形、多边形等造型经常碰到,因此在不同形状平面相交时,出现地面和吊顶布局的不协调。这种不协调可用分割空间等手法进行深化优化而转化为相互协调。

6.将单调呆板转化为丰富艺术

现代建筑逐步由造型丰富艺术取代传统的“火柴盒”建筑。组成建筑的构(配)件也可由方正的直线线转化为迥异的曲线线,并加点缀,展示艺术美。

7.将简单的功能转化成人性化需求

在倡导以人为本、和谐的今天,建筑产品不仅只满足简单功能及大众化的需要,更要满足人性化、个性化的需求。

8.将思维创新转化为工程亮点的表现点

思维创新成果会让人感到有意想不到的表现点,可以逆向思维创亮点,也可以联想建筑本身的功能,生产产品塑造小品。

9.将外在表观转化为内在的经久耐用

深化设计不仅反映出建筑的装饰精美,还应做到结构安全、优质低耗、长期耐用,经得起时间的考验。

10.将虚拟建造转化为现实施工

BIM 虚拟设计施工流程会给施工带来巨大的价值,它会减少项目冲突、优化施工流程、提高效率、节约人力和材料，显著降低施工成本。复杂工程实施两次建造是施工技术管理控制的趋势。

11. 将传统方法转化为集成创新

运用现代工业化的规模生产方式来代替和改造传统的手工操作及湿作业的生产方式，全面提升工程现代化集成创新建造水平，使湿作业转为预制装配，使高空拼装转化为地面组装，使现场加工转化为工厂集中制作配送。

12. 将满足顾客的明示要求转化为实现潜在期望

顾客的明示要求一般写在合同上，订立协议，是要共同遵守达到基本要求。而潜在的期望只是口头上希望能达到的目标。精品工程就是要超越顾客的期望，给顾客一个惊喜，在不过多增大成本的前提下，增加一些功能，创建一些美感。

第三节　创建优质工程工作管理职责分工

一、总承包部创优工作职责

(1)组织贯彻执行建设单位、项目公司和上级关于创优工作指导意见和管理办法，制定创优规划与实施细则，督促项目经理部制定创优方案，成立创优领导小组，指导项目创优工作的顺利开展。

(2)建立健全项目管理制度，实施用制度管事、制度管人。

(3)实施市政工程首件认可制，实施样板引路，推行工艺标准化工作。

(4)负责创优工作的宣传工作，对科技创新、质量优秀的工艺及时宣传报道，定期组织全体项日部主要人员进行项日观摩，用正确的舆论鼓舞人，用正确的宣传激励人。

(5)建立工程质量管理办法与质量考核奖罚制度，每月定期定时组织开展质量检查评比活动，对前三名的项目部进行奖励，对后三名进行适度的处罚，达到鼓励先进、鞭策落后的目的。

(6)负责创优工作中各类检查、评比活动的开展，统一组织创优工作中各级检查、复查的迎检组织工作。

二、项目经理部创优工作职责

(1)项目经理部按照职责的分工，落实质量管理与创优工作。

(2)积极组织项目的科技创新活动，“四新”技术的应用。对关键技术关键工序组织开展技术攻关，为实现工程优质工程质量提供保障。

(3)国家强制性标准的宣贯与执行，制订创优计划，并将其落实到工程施工的全过程中。

(4)落实项目安全文明工地创建，组织好绿色施工与环境保护等工作。

(5)根据项目关键技术需要，成立多项 QC 质量管理小组，开展技术质量攻关。

(6)开展项目经理部的质量管理与创优的检查、考核与评比活动。

第四节　创建优质工程实施细则

一、质量管理体系有效运行，认真执行合同文件和技术规范

建立健全"质量、环境、职业健康安全"管理体系并在工程建设中得到有效运行，认真执行合同文件，加强技术标准和规范的学习并严格执行（尤其是国家强制性条文标准），是工程质量和创优保证的重要一环。

二、推行精品工程

1. 实施"首件认可制"，样板引路

建筑物的外观质量和细节处理是创建精品工程、优质工程的前提。实体质量、外观质量、关键部位质量特色直接影响工程创优的成败，在工程建设中推行"首件认可制"，样板引路。工程实体必须严格按照设计文件和技术规范进行施工，工程质量按照"验收标准"评定合格率100%，内实外美，定位放样准确。混凝土构件误差在验收标准之内，质量通病已得到克服，表面平整、光洁、颜色均匀，线条平直、圆顺、轮廓分明，感观美。每一分项工程开工前，项目经理部均要按照"首件认可制"的要求进行首件工程的施工，打造样板工程，建立"首件验收制度"，不验收不得推广施工。并对首件工程进行经验总结，形成一套标准的施工工艺并加以推广应用。

2. 重大材料跟踪制度

对工程中的重大材料实行跟踪制度。原材料是保证工程质量重要因素之一，建立材料招标采购管理制度，严控不合格材料进入施工现场。对重大材料实行跟踪制度，从考察、招标采购、交货、验收到材料的使用，要实行全过程跟踪制度，总承包部及相关各单位对供货单位实行审核严格把关，使材料从源头得到控制。

严格所有原材料进场前的检验控制，从源头上杜绝质量隐患。各种厂供材料要有出厂合格证，并严格按照规范要求的批量或数量进行抽检。对路基填料、砂、石料等材料进行试验，并严格控制其粒径及各种成分含量，使其符合设计要求。

三、工程质量保证措施

1. 组织保证

成立精干、高效的项目质量管理组织机构体系，实行项目经理负责制，配齐体系岗位人员，严格实行质量"三检制"，对工程项目开展质量全面管理。投入专业化施工队伍进行施工，制定关键工序作业指导书，强化施工技术交底，合理部署，严密科学组织施工，加强劳动力素质技能培训，适应项目能力建设需要，确保实现质量目标。

加强供货管理，以合格的物资设备及材料满足工程质量需要。

配备先进优良的机械设备，加强机械设备管理机制，完善机械设备保养和维护，发挥机械设备效率，为工程质量提供保障。

2. 管理与能力保证

配备高素质的质量管理人员团队，对工程质量管理技术人员定期进行专项培训，制定完备的施工组织设计和专项技术方案，实施三级技术交底，组织一定的观摩学习活动，提高管理人员质量意识和能力。

要求试验、测量等质量检测人员，严格遵守试验仪器设备操作程序、样品管理制度、检测工作保证制度、测试数据检验制度、检测报告审批制度、检测资料保密制度、试验资料管理制度、测量工作规程及施工过程测量控制等。所有检测人员按规定持证上岗。

3. 提高机械设备完好率

配备性能先进、状况良好的机械设备是优质完成项目的前提。在施工过程中，加强机械设备的维修保养，落实"清洁、润滑、紧固、调整、防腐"机械现场保养"十"字作业法，保证设备始终处于受控和良好的技术状态，提高机械设备、车辆的完好率，提高使用率，充分发挥机械设备的效能。

4. 质量检验保证制度

在施工过程中，要严格坚持质量"三检制"，即自检、互检与终检把关制度。

路基填筑工程：首先对回填土需进行场外碾压试验，以确定施工各项技术参数；基底压实检测后，还要对填筑压实质量分层进行检测记录，不合格坚决返工；对高填方还要给出一定的沉降期，保证路基质量满足设计要求。

对道路碎石水泥粉煤灰水稳层，控制好拌合物的质量、摊铺碾压质量及养生质量。沥青混凝土路面按照设计指标，先进行沥青混凝土配合比的试验与碾压试验，符合要求后进行沥青混凝土路面的施工。

市政桥梁结构混凝土工程施工，首先要做好施工规划、混凝土原材料的控制、配合比的试验，须加强混凝土拌合物质量的控制与施工现场施工组织，还须加强混凝土的温控防裂措施的落实，做好钢绞线预应力张拉与管道注浆工作。重点要做好桥梁墩柱及箱梁混凝土外观清水混凝土施工二次工艺设计，实现整齐美观的混凝土外观质量。

5. 施工技术保证措施

建立项目施工技术管理制度，坚持图纸会审制，坚持施工组织设计方案评审制度，坚持"三级"技术交底制度，坚持重要部位实施作业指导书制度，完善技术资料档案管理制度。

第五节　强制性条文贯彻执行

由项目经理部制订强制性条文实施计划，并分阶段实施。

（一）强制性条文实施的组织学习

为实现创优目标，针对工程特点，项目经理部各自组织内部开展"工程建设标准强制性条文"宣贯活动,项目经理部要不定期组织强制性条文的培训学习,营造学习、执行、检查、监督整改的良好氛围。根据工程施工项目的不同,尽可能使各级管理人员熟悉和掌握强制性条文的规定,保证工程质量。

(二)强制性条文执行监督、检查

项目经理部要把执行强制性条文纳入日常工作中,开展自查自纠工作,主要对工程中执行强制性条文出现的重大和普遍存在的问题做出预防措施;加强对检验批及分项工程执行情况的检查,保证检验批及分项工程完全执行强制性条文的要求;项目经理部要不定期对施工现场强制性条文执行情况进行检查,主要包括施工质量、人身安全、设备安全以及环境保护的工作检查,发现不符合强制性条文要求的,立即进行整改和处罚,造成质量事故的,要追究相关人员责任。

各级技术负责人在审批各项技术措施或技术交底时应认真复核是否已将应执行的强制性条文内容编入文件。工程施工各工序交接时,应检查确认相应的强制性条文已得到实施后,方可进行移交。

各级质检员、安全员在日常巡视和验收时,应检查各专业强制性条文执行情况。

(三)强制性条文实施记录

(1)项目经理部要不定期开展内部组织强制性条文的培训学习,贯彻学习执行条文的重要性和必要性,提出贯彻执行强制性条文的部署和开展方法,并做好详细记录。

(2)项目经理部组织填写强制性条文执行计划表、检查记录表等各项记录,记录内容要做到真实、完整、准确,字迹清楚。

第十三章　项目竣工验收

项目竣工质量验收是施工质量控制的最后一个环节,是对施工过程质量控制成果的全面检验,是从终端把关、进行质量控制。

市政工程竣工验收主要依据《房屋建筑工程和市政基础设施工程竣工验收暂行规定》《房屋建筑工程和市政基础设施工程竣工验收备案管理暂行办法》的规定,由建设单位负责并组织实施,由县级以上地方人民政府建设行政主管部门委托的工程质量监督机构实施监督。

工程竣工验收及备案主要分为四个步骤进行:竣工验收前的准备工作、竣工预验收、竣工验收、竣工验收备案。

第一节　竣工验收前的准备工作

一、竣工验收申请

施工单位在完成合同约定的工程施工任务并整理完成工程竣工资料(取得城建档案馆工程档案预验收合格证),通过监理工程师初验合格后,可向建设单位申请竣工验收。与建设单位拟定工程竣工验收日期,并提前15日将工程竣工验收申请报告报送至建设单位。

建设单位对施工单位竣工验收资料及工程实体进行核查,符合工程竣工验收条件后,在拟定工程竣工验收日期前7日将竣工验收申请书递交到监督单位申请工程竣工验收(附相关资料)。

二、工程五大责任主体单位报告

工程五大责任主体分别是:建设单位、勘察单位、设计单位、监理单位、施工单位。五家单位需在工程完工后,编制工程竣工报告。

建设单位编制竣工验收报告(格式自制)、工程竣工验收方案(作为工程验收的一个指导文件,在工程竣工验收全上宣读),监理单位编制监理质量评估报告,勘察单位编制勘察质量检查报告,设计单位编制设计质量检查报告,施工单位编制工程施工总结。

第二节　档 案 管 理

工程伊始,由总承包部对接地方城建档案馆,了解地方工程建设档案管理的具体要求,并且联系地方上具有一定经验的工程档案组卷装订公司,在施工过程中指导各项目经理部的档案整理工作,为所建工程的档案管理工作铺垫好基础。

项目经理部应按照地方城建档案馆下发的“道路、桥梁工程文件归档范围和保管期限表”及“建设项目文件实体分类”文件管理标准和规定,将项目设计、采购、施工、试运行等项目管理过程中形成的所有文件、资料进行归档,确保项目档案资料的真实、有效和完整,不得对项目档案资料进行伪造、篡改和抽撤,并设置专职或兼职的档案管理人员。

工程完工验收之前,完成工程档案的分类、组卷工作,总承包部组织邀请地方城建档案馆对工程档案进行初验,对工程档案的分类和完整性进行核查,城建档案馆初验合格后颁发工程档案初验合格证。

工程进入竣工验收阶段时,工程档案必须按照相关规定要求进行分类、组卷、装订完成,总承包部组织邀请地方城建档案馆对工程档案进行最终核查,对工程档案的组卷、装订及完整性进行核查,城建档案馆核查合格后颁发工程档案合格证。

第三节 竣工预验收

监理机构收到施工单位的工程竣工预验收申请报告后,应对验收的准备情况和验收条件精心检查,对工程质量进行竣工预验收。对工程实体质量及档案资料存在的缺陷,及时提出整改意见,并与施工单位协商整改方案,确定整改要求和完成时间。

第四节 竣 工 验 收

工程具备验收条件后,在政府质量监督机构的监督下,建设单位组织勘察、设计、施工、监理等单位的相关人员(可邀请相关专家参与)对工程进行竣工验收。工程竣工验收一般以竣工验收会议的形式进行。会议一般分两次进行,议程及内容如下:

(1)首次会议。

验收委员会主任宣布竣工验收会议开始,建设单位宣布工程竣工验收方案,包括验收委员会组织人员名单、专项验收组组长及成员。上述人员名单报质量监督机会派出的监督小组确认。

建设、勘察、设计、施工、监理单位分别汇报工程合同履约情况以及在工程建设各环节执行法律、法规和工程建设强制性标准的情况。

按验收方案要求分组进行观感、质量保证资料、实测实量的现场核查,并做好记录。

(2)末次会议。

各专项验收组检查验收完毕后,各验收小组组长做专项检查发言,对检查的内容进行客观评价,并明确各项验收结论。

由专家组对工程验收进行客观评价。

验收委员会协商验收意见，当意见一致时，形成验收委员会签署的工程验收意见，宣布工程竣工验收结论。

监督机构宣布监督意见。

与会各单位在相关验收记录上签字。

宣布验收会议结束。

第五节　工程竣工验收备案

我国实行建设工程竣工验收备案制度。新建、扩建和改建的各类房屋建筑工程和市政基础设施工程的竣工验收，均应按《建设工程质量管理条例》规定进行备案。

建设单位应当自建设工程竣工验收合格之日起 15 日内，将建设工程竣工验收报告和规划、公安消防、环保等部门出具的认可文件或准许使用文件，报建设行政主管部门或者其他相关部门备案。

备案部门在收到备案文件资料后的 15 日内，对文件资料进行审查，符合要求的工程，在验收备案表上加盖“竣工验收备案专用章”，并将一份退建设单位存档。

备案资料按照市政工程竣工验收表中列出的清单准备。

第十四章　项目移交前运行管理

项目竣工验收合格后,PPP 项目进入运营维护期,而 BT 项目在工程移交前也需做好运行管理,确保工程安全、顺利移交。

为保障项目设施的安全运营,确保项目的顺利移交,需根据国家和地方现行的有关法律法规、技术标准和规范、管理办法和运营惯例,参考各城市快速路工程的运营维护经验,编制"项目移交前运行管理方案"。

运行管理的基本原则如下。

总体要求:安全为本,设施运营良好;

工作原则:预防为主,防治结合;

运营维护方针:超前意识,统筹规划,分步实施,专业养护;

应急处置:预判、预警、预案、预演;

养护实施:理念科学、操作安全、作业快捷、方法智能、机具先进;

养护技术:以技术进步促养护进步、以技术创新促养护创新;

档案管理:真实完整、分类有序、安全可溯。

第一节　PPP 项目移交前运行管理

PPP 项目一般设有一定期限的运营维护期,郑州市 107 辅道(东三环)快速化工程 PPP 项目(以下简称郑州东三环项目)约定为 12 年,一般在项目工程竣工验收合格之日起算。

一、成立管理组织机构

为保证项目设施的良好运营,根据郑州东三环项目运营维护的特点,结合电建路桥已有运营维护资源,补充选择社会专业运营维护公司,合作成立一支能适应本项目运营维护(简称运维)管理工作,高素质、高水平、专业化的运营养护管理队伍。

根据运营维护的特点,PPP 项目公司拟增设信息管理部,信息管理部主要负责运维、移交期间项目信息化管理系统开发、建设和维护等工作,发现问题及时监督处理;信息管理部设监控室。

在运营维护过程中严格实行规范化、标准化管理,运营维护机构设置合理、统一、高效,保持特有的快速反应机制,提高运营维护管理水平。运营维护管理组织机构如图 14-1 所示。

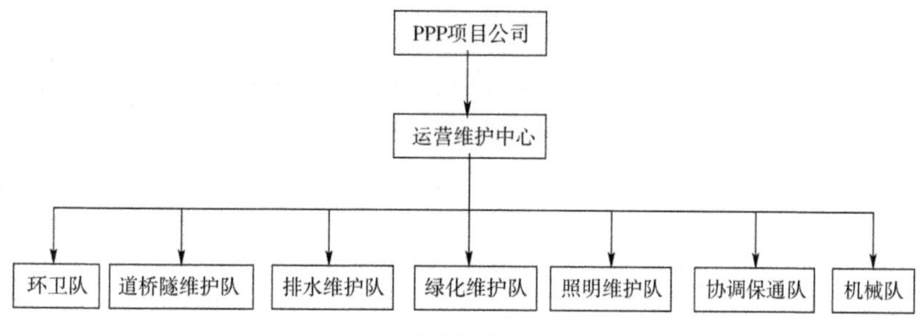

图 14-1　运营维护管理组织机构图

运维管理中心部门职责：

(1)环卫队：负责运维、移交期间项目设施的环卫保洁工作。

(2)道桥隧维护队：负责运维、移交期间的道路、桥梁、隧道等项目设施的运营维护工作。

(3)排水维护队：负责运维、移交期间的排水管网及配套设施的运营维护工作。

(4)绿化维护队：负责运维、移交期间的绿化设施的运营维护工作。

(5)照明维护队：负责运维、移交期间照明设施的运营维护工作。

(6)协调保通队：负责运维、移交期间对外协调和道路保通工作。

(7)机械队：负责运维、移交期间的设备保养、维护和运行等。

二、运营维护管理流程

运营维护管理流程如图 14-2 所示。

三、运营维护方案

郑州东三环项目是郑州市城市快速化路网的重要组成部分，属于Ⅰ类养护的城市道路，Ⅱ类养护的城市桥梁，应重点养护。

(一)建立健全运维管理制度

维修养护管理坚持以运行养护为中心，以结构养护为重点，以全面养护为原则，实施全面性养护和预防性养护。抓好养护计划管理，按照政府有关部门的行业技术要求建立运维管理制度。在合理范围内，协助相关部门维护好交通秩序，确保城市道路安全运行。

主要管理制度包括：机具设备管理制度、信息管理制度、安全管理制度、环保管理制度、协调保通管理制度、设施运营维护管理制度、道桥隧养护制度、排水工程养护制度、绿化养护制度、照明养护制度、项目移交管理制度。除此以外，还将建立劳动人事管理制度、后勤管理制度、文秘印信管理制度、财务管理制度等。

(二)建立信息化数据管理系统

建立和完善信息化数据管理系统，积极争取纳入市政道路管理信息网，通过设立信息网络和交通调查站点，及时掌握项目设施的技术状况和相关信息。利用计算机信息系统，对所检测的数据进行分析处理，完善项目养护基础数据平台，大力推进预防性养护决策科学化、智能化,从而确定了预防性养护的实施决策。

除此之外,与有关单位和部门建立联动机制,多渠道获取项目运营信息和反馈的问题,便于及时跟踪处理,向甲方报送运营维修方面的有关信息。

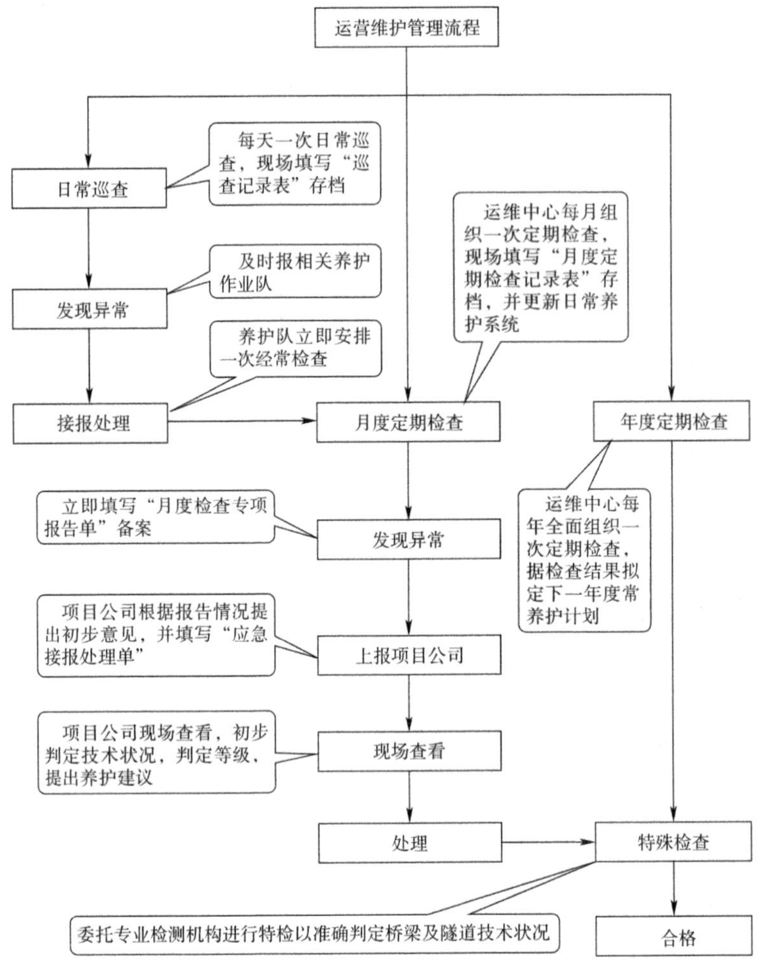

图 14-2　运营维护管理流程图

(三)维修养护等级划分与评定

1. 保养、小修

为保持道路功能和设施完好所进行的日常保养。对路面轻微损坏的零星修补,其工程数量不宜大于400m^2。对管辖范围内的城市桥梁进行日常维护和小修作业。

2. 中修工程

对一般性磨损和局部损坏进行定期的维修工程。以恢复道路原有技术状况,其工程数量宜大于400m^2,且不宜超过8000m^2。对城市桥梁的一般性损坏进行修理,恢复城市桥梁原有的技术水平和标准的工程。

3. 运营维护状况的检测评定

项目设施运营维护状况检测评估要结合现行规范和条款进行,其主要包括下列内容:

(1)记录项目设施的当前运营状况。

(2)了解车辆和交通量的改变给项目设施运行带来的影响和变化。

(3)跟踪结构与材料的使用性能变化。

(4)对项目设施的检测结果和运营状态进行综合评估。

(5)将评估报告提供给设计与建设等部门。

通过路况的检测、评价与预测,适时对路面采取适宜的保护性养护措施,保护路面,预防各种病害的发生与发展。同时,考虑未来交通量增长,对出现病害或预测即将出现病害的路段针对病因采取有效措施,做到治本治标,以防微小病害发生与恶化。

根据本项目特点,道路养护等级为Ⅰ类养护,城市桥梁为Ⅱ类养护。道路的技术状况评价应分为四级:A,优级;B,良好;C,合格;D,不合格。桥梁完好状态宜分为五个等级:A 级,完好状态;B 级,良好状态;C 级,合格状态;D 级,不合格状态;E 级,危险状态。

(四)维修养护的分类

1. 日常养护维修

对项目设施(道路、桥梁、隧道、排水、照明、绿化及附属设施等)进行日常巡查养护,确保功能设施运营良好。对于非永久性构件,如支座、伸缩缝、桥面铺装、灯具等,确定合理的更换周期,定期对其进行更换。

2. 预防性养护

预防性养护的主要内容有:

(1)通过前期施工、竣工资料的收集、记录和评估,掌握路况相关信息,制定年度检测及养护计划。

(2)道路、桥隧检测方案的制定和实施。

(3)检测资料的收集及检测情况评估、分析。

(4)根据病害分析,确定病害影响程度。

(5)分析养护对策及技术措施,制定最佳养护方案,保障返修率为 0。

(6)及时修复,防止病害扩大加重,保证道路的正常运营及畅通。

(7)养护效果反馈:差,重新制定养护对策;好,通过并将方案、措施记录录入数据库备案。

3. 及时性养护

及时性养护的主要内容有:

(1)根据特殊病害、事故、人为破坏情况进行分析。

(2)通过病害分析,明确病害影响程度。

(3)分析养护对策及技术措施,制定最佳养护方案。

(4)及时维修,消除病害,确保养护维修及时率 100%。

(5)效果的反馈:差,重新制定养护对策及技术措施;好,通过并将方案、措施记录录入数据库备案。

四、运营维护计划

(一)编制运营手册

运营维护期间,根据适用法律条款、技术规范和运营惯例,编制项目工程的运营维护手册,并将根据运营维护的实际情况随时进行修改、补充和完善,报建设单位同意后实施。

(二)运营维护工作安排

1. 日常巡查维护

日常巡查以目测为主,使用道路巡视车巡视,一天一次。及时掌握路面保洁排水状况,道路、桥梁、隧道及配套设施结构功能是否完好,人行道、灯盒等附属设施是否完整,并对外观明显缺陷的项目设施进行填表登记。

雨天或突发灾害性天气,要加强巡视,尤其要注意排水、通风、照明、消防设施的运行状况。如发现设施明显损坏或功能受到影响,要立即采取相应维护措施,并及时报告。

2. 经常性检查维护

以目测为主,并使用常规设备和工具进行检查,一月一次。

(1)由专业工程师组织,运营维护中心有关技术人员进行,对设施、设备进行检查。

(2)对日常巡视中发现的结构病害和问题,进行较为细致的检查。

(3)主要检查设施主体结构部件是否完好,附属设施是否有缺损,维修质量总体水平如何;设备运行是否正常,日常维修保养是否到位。

(4)根据常规定期检测要求,对设施重要部分和桥面系、上部结构、下部结构进行循环检查,每年度保证每个部位检查不少于两次。

(5)根据设施动态变化情况、病害易发期及汛期、雨季、冰冻等特殊情况确定其他检查内容。

(6)检查中发现危及结构安全或其他严重问题要及时上报建设单位和行业管理单位,提出做特殊检测的建议。

3. 定期检查维护

定期检查根据建设单位安排展开,联合检测,以一年为一个周期,检测的结果以报告的形式存档。

(1)定期检查时对设施完好状况、设施结构安全状况、设施当前存在的主要问题进行全面检查,主要针对设施结构当前的缺陷、结构技术状况动态数据及日常养护实施效果开展全面检查。

(2)定期检查每年一次,以书面报告形式,并附带必要的影像资料,对设施的运行技术状况作出评定。

(3)定期检查由运维中心总工程师负责,组织专职养护人员或实践经验丰富的工程技术人员进行,必要时委托专业检测单位共同参加。

(4)检测前制订相应的检测计划和实施方案,检测完毕后,应提供完整的检测报告。

(5)定期检查应校核、对比、分析设施的各类检查数据,提出解决病害的措施。检查中发现损坏严重、危及结构安全或难以判断其损坏程度和原因等其他严重问题要及时上报建设单位和行业管理单位,提出做特殊检测或专项检查、试验的要求,并采取相应的紧急措施。

第二节　BT 项目移交前运行管理

BT 项目移交前运行管理主要指在项目移交给各管理单位前的一些必要的工程维护,一般合同约定承担移交前项目设施的全部或部分损失或损坏的风险,在此阶段需做好项目全部工程的使用、保管及维护等工作。此阶段也可视为试运行阶段。

总承包部在此阶段中的责任和义务,是按合同约定的范围与目标履行义务并向建设单位提供试运行过程的技术指导和服务。

根据合同约定或建设单位委托,试运行管理内容一般包括热负荷试车准备的配合、试运行服务计划、人员培训、试运行过程指导和服务等。

由建设单位负责试运行的准备工作包括:人力、机具、物资、能源、组织系统、许可证、安全、职业健康及环境保护,以及文件资料等的准备,总承包部配合工作。

试运行经理组织编制试运行需要的各类手册包括:培训手册、操作手册、维修手册、安全手册等。

承办合同约定由建设单位委托的事项及处理临时问题。

(1)试运行服务计划是项目实施计划在试运行指导服务方面的深化和补充,应指导试运行工作的全过程。

(2)试运行服务计划中的进度应符合项目进度计划的要求。

(3)试运行服务计划是编制试车方案的依据。

(4)试运行服务计划应对生产准备工作提出详细意见和建议。

(5)试运行服务计划应与建设单位和施工单位一起讨论,取得一致的意见。

(6)试运行服务计划在项目初始阶段,由试运行经理在项目经理和工程建设部的指导下进行编制,工程建设部审核、经建设单位认可、项目经理批准后执行。

(7)试运行服务计划编制应按试运行前期准备工作计划、热负荷试车(此阶段含投料、生产考核、建设单位验收三项内容)两个阶段的要求分别编制。

一、生产准备工作

1. 建设单位的生产准备工作

(1)建设单位必须在工程建设开始时成立生产准备机构,负责各项生产准备工作。

(2)按计划招聘生产管理人员和操作人员。

(3)组织管理和生产人员的培训和考核,并负责委托培训单位。

(4)组织管理、操作和维修人员参加安装和试车。

(5)落实原料和燃料的供应。

(6)落实水、电、燃料公用工程供应。

(7)落实安全技术措施等用的辅助材料的准备工作。

(8)落实备品备件和维修组织。

(9)落实产品的销售渠道。

(10)落实生产指挥机构以及有关管理制度和生产技术资料的准备。

2. 总承包部对建设单位生产准备工作的服务

(1)参加编制热负荷试车方案。

(2)提供人员培训方案、安装、操作维护手册、安全手册、性能考核程序以及生产准备所必需的其他资料。

(3)协助建设单位具体确定生产管理机构和操作人员配备、人员质量要求和培训计划。

(4)协助建设单位联系培训单位,对生产管理和操作人员进行培训和考核。

(5)对原料、燃料的供应情况提出建议意见。

(6)对水、电、燃料、润滑油等供应情况提出建议意见。

(7)对有关管理制度和生产技术资料的准备情况提出建议意见。

(8)协助建设单位联系专业试车队。

(9)培训服务:根据项目工艺特点和要求,制订培训计划,培训目标应根据各岗位各工种的要求分别制定,并制定测试标准和程序。推荐人员到同类工厂进行上岗培训,在上岗之前要先进行理论培训。某些具备条件的专业内容可在公司本部进行计算机模拟培训。

二、考核与验收

(1)热负荷试车已经达到设计能力、产品质量指标和技术经济指标。

(2)建设单位的相关生产系统处于满负荷、稳定运行状态。

(3)热负荷试车所暴露出的问题已经解决,各项工艺指标调整后处于满负荷、稳定运行状态。

(4)生产考核的详细程序和方案已经提出,并经审查批准。

(5)测试人员的组织和任务已经落实。

(6)测试专用工具和仪表已经齐备,并经调校合格。

(7)测试项目、分析项目、分析方法已经确定,并经买卖双方确认。

(8)原材料质量规格等符合设计文件的要求。

(9)水、电、原料、燃料、化学药品可以确保连续稳定供应。

(10)自控仪表、报警和连锁系统已经投入稳定运行。

(11)考核与验收的一般规定。

(12)生产考核工作由建设单位负责组织,试运行经理和试运行服务人员担任技术指导。

(13)生产考核的开始日期由建设单位和试运行经理协商确定。

(14)生产考核应有专利商、技术供应商、设备供应商代表参加。

(15)生产考核的时间按合同中规定执行。

(16)生产考核的指标按合同中条款规定,其主要内容:

①产品生产能力、规格、主要技术指标;

②产品质量、原料消耗、公用工程消耗等。

(17)考核中应严格按合同中规定性能保证的基础条款,明确责任。

(18)考核中应严格按合同中规定考核方法和保证值的计算方法,以使合同双方在确认保证指标时有共同的标准。

(19)在考核期内合同项目达到合同规定的全部保证值时,双方代表(一般要求在 5 日内)签署验收证书。

(20)如果合同项目在第一次考核期内未能达到全部保证值,则双方共同研究、分析,按合同条款确定处理办法。

(21)如建设单位同意延长热负荷试车时间,则应进行改正,并再次进行未达到保证值部分的考核。

(22)如建设单位原因,延长热负荷试车,在延长期内仍属建设单位原因未达到合同规定的全部保证值,可要求建设单位,合同项目应视为被建设单位“自动验收”,由双方签署交接验收证。

第十五章　项目回购与移交

第一节　项 目 回 购

实行 BT 模式的投资项目，一般由政府授权确定项目建设单位，由项目建设单位通过招标方式选择项目公司，项目公司负责建设资金的筹集和项目的建设，在项目完工验收合格后移交给项目建设单位，由项目建设单位按合同约定支付回购价款。

我国 PPP、BT 模式回购价没有统一规范的标准，而回购价是 PPP、BT 合同的核心。目前我国 PPP、BT 项目的回购价格主要由工程费用、财务费用、管理费用、PPP 运行期维护管理费用、合理回报及税收六部分组成。

做好 PPP、BT 项目回购，要做到事前审慎选择项目、事中过程控制、事后回购创新，实施闭环管理，有效降低回购风险。PPP、BT 项目回购是一项系统工程，从 PPP、BT 项目区域选择、合同签订、担保落实、严格履约、领导重视、回购责任落实紧密相关，环环相扣。

一、项目回购的基本原则

(1)项目回购的基本条件为工程施工完成并经竣工验收合格。

(2)BT 项目一般回购期约定为项目工程竣工验收合格之日起 5 年。如本项目采用分阶段工程验收，则各分阶段工程的回购期分别为各分阶段工程验收合格之日起 5 年。回购期起始日为项目全部工程竣工验收或分阶段工程验收合格之日。PPP 项目回购期一般 10 ~ 15 年，视合同约定而定。

(3)项目回购款的构成及确定。

项目回购款计算公式：

项目回购款 = 投资成本 + 投资收益 + 回购期利息 + (PPP 运行期维护及管理费用)

投资成本 = 建筑安装工程费 + 除建筑安装工程费以外的其他费用 + 建设期银行贷款利息

建筑安装工程费 = 施工图纸范围内的所有建筑安装工程费 + 设计变更费用 + 现场签证费用 + 合同外新增减工程项目费用

投资收益 = (投资成本 - 建设期银行贷款利息) × 10% (该项视谈判结果而定，有时包含在整体结算单价中，目前的 PPP 合同还需投标降点而定)

回购期利息 = 尚未支付的投资成本(不含建设期银行贷款利息) × 不高于中国人民银行 3 ~ 5 年同期贷款基准利率

投资成本是指合同投资方为完成本项目投资建设工作而投入的资金，其来源包括投资方投入的资本金及投资方通过其他融资渠道为本项目投资建设而筹得的全部资金；其用途包括建筑安装工程费、除建筑安装工程费以外的其他费用。

(4)建筑安装工程费的计算。

建筑安装工程费应以施工图纸＋设计变更＋现场签证等为基础据实结算，包括：经审查合格备案的施工图设计文件(含地质勘察报告)和专业工程深化设计文件、设计变更、工程洽商记录、图纸会审、技术交底、现场签证、施工组织设计、合同外新增减工程项目以及一切与工程有关的内容。

本项目建筑安装工程费依据××年版《××省建设工程工程量清单综合单价》中市政工程定额(若市政工程缺项，则参考建筑、安装工程定额)以及××省、××市有关造价管理规定的配套文件(含××省、××市政策性调整文件)进行编制。如××省及××市的上述文件发生变化，则本项目建筑安装工程费应按新文件相应进行调整。

若××版《××省建设工程工程量清单综合单价》各专业定额中均没有相关费用单价，乙、丙双方应及时向××省、××市有关造价管理部门申请批复补充定额，或在相关部门的监督下，邀请专家论证确定。

安全文明施工措施费、社会保险费等应按相对应的配套文件执行。

建筑安装工程费中的材料、人工价格的确定方式为：

①材料、人工价格以3个月为一个计价周期，按照建设同期××市建设工程造价管理办公室发布的《××市建设工程材料基准价格信息》季度价以及××省建筑工程标准定额站发布的人工费指导价格季度价中相应材料、人工价格计算(以下简称“信息价”)。当本项目开工后的第一个季度为2012年5月至7月时，材料、人工价格按2季度信息价计价；当本项目开工后的第一个季度为2012年6月至8月时，材料、人工价格按3季度信息价计价；当本项目开工后的第一个季度为2012年7月至9月时，按3季度信息价计价。计价方式依此类推。

②信息价中没有的材料、设备价格，经参建三方(政府甲方、政府授权单位乙方、投资建设方丙方)联合考察后确定的市场价格执行。

③由于设计对材料、设备有特殊要求导致该材料、设备采购价格明显高于或低于信息价中相应材料、设备价格时，该材料、设备价格按郑州市人民政府下发的材料、设备采购管理办法重新确定。

设计变更费用是指发生设计变更情形增加或减少投资成本时，按约定可计入回购款的费用。

工程量计量采用合同约定的定额计算规则和计量单位，包括经审核批准的施工图纸、设计变更、现场签证、合同外新增减工程项目等资料据实结算。

本项目所涉及的设计变更、工程洽商记录、图纸会审、技术交底、现场签证、施工方案或施工组织设计，在工程实施过程中必须由乙方认可，在办理竣工结算时，上述资料若没有乙方认可，则该部分工程量不予结算。

(5)除建筑安装工程费以外的其他费用的计算。

除建筑安装工程费以外的其他费用是指依据郑州市发展和改革委员会对本项目初步设计概算的批复,以及甲、乙、丙三方共同确认的可列入本项目投资成本的非建筑安装费的其他费用,具体按照实际发生的情形据实结算,经甲、乙、丙三方共同确认后作为本项目投资成本计入回购款。

建设期银行贷款利息的计算与支付:

建设期银行贷款利息是指丙方自本合同签署之日至合同约定竣工之日止,以不高于中国人民银行同期贷款基准利率计算建设期银行贷款利息,建设期丙方融资进度应以匹配工程进度和投资计划的要求为原则,建设期银行贷款利息按银行出具的相关凭证支付。丙方与贷款银行进行融资谈判时,甲方必须参加并认可。

本项目融资比例为丙方总投资额的75%。

建设期银行贷款利息的支付自本合同签订之日起,按照丙方与银行贷款合同约定,由甲方在缴纳期限之日前3日向丙方指定银行账户支付。

本项目建设期因丙方原因迟延,则迟延期间的建设期银行贷款利息由丙方自行承担。本项目建设期因非丙方原因迟延,则迟延期间的建设期银行贷款利息由甲方承担,其中不可抗力原因造成的迟延按合同相关约定执行。

因甲方未及时向丙方指定银行账户支付建设期银行贷款利息,导致银行向丙方收取滞纳金等额外费用,则该费用由甲方承担。

回购期利息的计算:

回购期利息是指自确定的本项目回购期起始日起,以甲方尚未支付的投资成本(不含建设期银行贷款利息)为基数,按不高于中国人民银行贷款基准利率计算的回购期利息。丙方与贷款银行进行融资谈判时,甲方必须参加并认可。

项目回购款超出初步设计概算的约定:

本项目回购款超出初步设计概算时,甲、乙双方以及审计机构不得以项目回购款超出初步设计概算为理由,或拒绝认定项目回购款、或随意核减项目回购款、或拒绝或延迟向丙方支付项目回购款。

本项目回购款超出初步设计概算时,经甲、乙双方确认后负责组织办理调整初步设计概算。

项目回购款的支付:

项目回购款中不包含建设期贷款利息,建设期银行贷款利息的支付按约定执行。

项目回购期起算后,甲方应按决算审计报告确定的项目回购款总额在5年内分10期支付,每期支付金额为项目回购款总额的10%。

项目回购款每年支付两期,支付时间分别为4月和10月。每期支付前,丙方应提供纳税义务人纳税的有关税费凭证。

若第一期支付期届满时审计机构按约定已出具项目回购款结算审计报告,则甲方应按照最终结算审计报告确定的项目回购款数额向丙方进行支付。

若第一期支付期届满时审计机构按约定尚未出具项目回购款最终结算审计报告，则甲方应暂按丙方递交审计机构的项目回购款最终结算报告所列数额支付该期应支付的项目回购款。待审计机构出具最终结算审计报告后，甲方依据最终结算审计报告确定的项目回购款数额，在第二期支付项目回购款时按照多退少补的原则将第一期可能出现的支付差额调整到位。

每一期的项目回购款甲方均应支付至丙方指定的银行账户。

项目回购款来源、付款担保及保障措施：

甲方支付项目回购款的资金来源为××市政府财政收入。为保证本项目顺利实施以及本合同项下合作的有效开展，甲方承诺在××市人大常委会于××年×月底召开的人大常委会会议中通过并出具正式文件，确保将本项目回购款的支付纳入××市政府的财政中长期投资规划及各年度的预算支出计划，直至本项目的全部项目回购款支付完毕。同时，甲方承诺在本合同签订时，就本项目回购款的支付和安排出具××市人民政府的正式支持文件。

甲方通过××市人民政府安排，由××市环卫清洁有限公司、××市城区路网建设管理公司、××市市政设施维修建设有限公司、××市市政工程总公司、××市污水净化有限公司、××市土地储备中心，与甲方共同将7家所持有的××银行股份有限公司的股份，为合同项下甲、乙双方就本项目应履行的包括回购款支付在内的合同义务向丙方提供质押担保，按照合同提供的格式签署股权质押合同，并办理股权质押登记手续。

(6)税收。

丙方应严格按照《中华人民共和国税收征收管理法》及其实施细则、《中华人民共和国营业税暂行条例》及其实施细则和××省地方税务局××年第×号公告《建筑业营业税管理暂行办法》的相关规定，及时足额缴纳税款。

丙方只针对投资收益部分支付税费，对于投资收益以外的回购款由纳税义务人依法纳税，丙方负责将此类完税凭证归集后按要求报给甲方。对于丙方收到的回购款已缴纳税费的部分，甲、乙双方负责协调税务部门不再重复缴税。如果协调未果，甲、乙双方承诺将丙方实际承担的该等税费纳入回购款。

在本协议签署后，若出现新增的税费，在丙方(含总承包单位)缴纳后作为投资成本计入本项目回购款。

二、PPP、BT模式的回购值得探讨的几个方面

由于PPP、BT模式缺乏明确的界定、没有统一及配套的法律规范、欠缺规范合同的指引，存在以下问题：

(1)结算存在大量争议。由于PPP、BT项目需要进行项目回购，因此回购定价的确定是决定项目能否顺利回购的关键。在实际操作中，我国PPP、BT项目没有统一的合同范本，双

方的权利义务界定模糊,造成合同价款调整方面的规定模糊,使合同双方在结算时产生争议项较多。

(2)参建方的利益难以协调。PPP、BT 项目涉及 PPP、BT 主办方(政府)、PPP、BT 承办方、施工单位、设计单位、分包单位、设备供应商、材料供应商、政府的监督部门等单位,具有人为障碍多和操作难度大的特点,工程建设的参与方都可能出于个体利益考虑而损害整个 PPP、BT 项目的运行。

(3)投资回报率难以确定。投资回报率的确定问题一直是 PPP、BT 主办人和承办人争论的焦点。对主办人来讲,尽可能想将投资回报率定得越低越好,但投资回报率太低,又无法吸引投资者;从承办人角度来说,期望投资回报率越高越好。

第二节　项 目 移 交

在工程竣工验收备案工作完成后,建设单位应组织相关单位做好项目移交前的各项准备工作。

一、工程移交的要求

申请移交的工程必须符合下列要求:

(1)所有建设项目均按批准的规划和有关专业管理及设计要求全部建成,并满足使用要求。

(2)市政设施工程要做到工完场清,雨污水管道及井内不得有垃圾、杂物和积水;雨污水管道通水前应有接管单位签署专项预检意见。道路、桥梁、泵站工程设施无占压并保持整洁,桥梁等结构工程可观察到主体结构,泵站等机械电气设备可试机操作。

二、市政工程申请移交所需资料

市政工程申请移交,须提交以下资料原件:

(1)土地使用证明。

(2)建设工程规划许可证。

(3)施工图设计文件及审查合格证。

(4)中标通知书、招标文件及施工合同。

(5)施工许可证。

(6)市城市建设档案馆颁发的《建设工程档案合格证》。

(7)施工技术资料。

(8)工程建设五大责任主体竣工验收资料。

(9)建设行政主管部门的竣工备案资料。

(10)工程质量保修证书。

三、市政工程移交程序

(1)市政工程竣工验收备案后15个工作日内,建设单位向接收管养单位提出移交申请,填写申请表。

(2)接收管养单位自接到市政工程移交申请30个工作日内,会同建设单位进行资料对接。资料审核合格后,进行现状调查。

(3)市政工程在资料对接时要对资料逐一登记,标明缺项内容,建设单位负责将缺项资料收集整理完备,移交接管单位;现状调查时,市政设施重点在于:一是查明工程是否按要求完成设计及合同内容;二是查明工程存在的使用功能缺陷和影响养护施工作业正常进行缺陷的种类和数量;三是核对工程实体与竣工图纸是否一致;四是准确查明移交设施量。工程存在的问题,由建设单位处置,需要返修的部分,由施工单位无条件修复。建设单位不便处置或施工单位不便修复的,经协商,可将处置修复费用拨付接管单位,委托接管单位处置修复。

(4)建设单位和接管单位通过协商达成移交意向,签署"市政工程移交证书",并附"工程质量保修证书"。

(5)建设单位和接管单位经协商不能达成一致、有争议的,报请市政府协调解决。

工程在保修范围和保修期限内发生质量问题的,施工单位应当履行保修义务,并对造成的损失承担赔偿责任。

市政设施验收合格后移交的有效期为自竣工验收报告签发之日起一年内。超过有效期的,如接管单位认为有必要,应当委托具有资质的检测鉴定机构对移交的城市道路、桥梁、排水工程等市政设施重新作出质量鉴定,鉴定结果达到该工程原设计标准的,方可移交接管。

市政工程验收合格的或经重新质量鉴定达到该工程原设计标准,且工程存在问题处置意见经协商达成一致的,接管单位必须予以接管。

参考文献

[1] 住房和城乡建设部. 建设项目工程总承包管理规范:GB/T 50358—2017[S]. 北京:中国建筑工业出版社,2017.

[2] 住房和城乡建设部. 建设工程项目管理规范:GB/T 50326—2017[S]. 北京:中国建筑工业出版社,2017.

[3] 住房和城乡建设部. 建筑施工安全技术统一规范:GB 50870—2013[S]. 北京:中国建筑工业出版社,2013.

[4] 住房和城乡建设部定额研究所. 建筑施工安全检查标准:JGJ 59—2011[S]. 北京:中国建筑工业出版社,2012.

[5] 张树森. BT 投融资建设模式[M]. 北京:中央编译出版社,2006.

[6] 中国 PPP 产业大讲堂. PPP 模式核心要素及操作指南[M]. 北京:经济日报出版社,2016.

[7] 卜一德. 建筑施工项目材料管理[M]. 北京:中国建筑工业出版社,2006.

[8] 住房和城乡建设部. 城市桥梁工程施工与质量验收规范:CJJ 2—2008[S]. 北京:中国建筑工业出版社,2009.

[9] 王伍仁. EPC 工程总承包管理[M]. 北京:中国建筑工业出版社,2008.

[10] 范云龙,朱星宇. EPC 工程总承包项目管理手册及实践[M]. 北京:清华大学出版社,2016.

[11] 丁士昭,王雪青,冯桂烜,等. 建设工程项目管理[M]. 北京:中国建筑工业出版社,2017.

[12] 王雪青,华东一,许远明,等. 建设工程经济[M]. 北京:中国建筑工业出版社,2017.